Salvador Cucó Pardillos

Instalación fotovoltaica en autoconsumo

Caso práctico: centro deportivo

2ª edición

Adaptado a la nueva estructura tarifaria

edUPV

Universitat Politècnica de València

Colección Académica http://tiny.cc/edUPV_aca

Para referenciar esta publicación utilice la siguiente cita:

Cucó Pardillos, Salvador. (2024). *Instalación fotovoltaica en autoconsumo colectivo. Caso práctico: centro deportivo (2ª ed.).* edUPV.

Venta: www.lalibreria.upv.es / Ref.: 0304_10_02_01

ISBN: 978-84-1396-168-2
Depósito Legal: V-504-2024

Maquetación: Enrique Mateo, *Triskelion Diseño Editorial*
Imprime: Byprint Percom, S. L.

Si el lector detecta algún error en el libro o bien quiere contactar con los autores, puede enviar un correo a edicion@editorial.upv.es

edUPV se compromete con la ecoimpresión y utiliza papeles de proveedores que cumplen con los estándares de sostenibilidad medioambiental, https://editorialupv.webs.upv.es/compromiso-medioambiental

Prólogo a la segunda edición

El texto que se acompaña es el resultado del desarrollo de unos apuntes, redactados para atender la demanda de cursos sobre la materia de la generación con autoconsumo.

No se trata de un texto teórico sobre instalaciones eléctricas de generación de los que el lector puede encontrar numerosa bibliografía, sino un texto sencillo y práctico aplicado sobre un caso concreto que es desarrollado con todo detalle.

Entrando en el contenido del texto, éste incluye todos los conceptos y cálculos necesarios para la determinación de todos los elementos de la instalación de autoconsumo, el análisis económico y la legalización.

Se destaca que el desarrollo del ejercicio pretende encontrarse con todos los problemas habituales en la redacción de un proyecto de estas características y su materialización. De forma deliberada, se repiten los razonamientos y las referencias a normativa en todos los desarrollos, con el objeto final de que el lector asimile los conceptos y cálculos, y no los olvide a las pocas horas. Este método de redacción también resulta útil posteriormente si se utiliza este texto como documento de consulta rápida.

Si bien se utiliza la normativa de España, el texto puede aplicarse a otros países, sin más que adaptarse a su normativa correspondiente.

Esta segunda edición se adapta a la nueva estructura tarifaria eléctrica, Circular 3/2020 de la CNMC, mejora el apartado de conexión de módulos y utiliza módulos actuales de mayores potencias.

Este texto está en permanente revisión y actualización, por lo que se indica a continuación la dirección de correo electrónico, donde el lector puede remitir sus comentarios, sugerencias, errores detectados, etc., para su consideración en ediciones posteriores: edicion@editorial.upv.es.

Febrero de 2024

Salvador Cucó Pardillos

Ingeniero Superior Industrial

Índice

1. Introducción

El presente texto pretende desarrollar con todo detalle una instalación de generación eléctrica en autoconsumo de un caso práctico de un solo abonado. Concretamente se desarrolla la instalación de paneles fotovoltaicos en un polideportivo.

Se incluyen todos los conceptos y cálculos necesarios para la determinación de todos los elementos de la instalación de autoconsumo, el análisis económico y la legalización.

Se destaca que el desarrollo del ejercicio pretende encontrarse con todos los problemas habituales en la redacción de un proyecto de estas características y su materialización. De forma deliberada, se repiten los razonamientos y las referencias a normativa en todos los desarrollos, con el objeto final de que el lector asimile los conceptos y cálculos, y no los olvide a las pocas horas. Este método de redacción también resulta útil posteriormente si se utiliza el texto como documento de consulta.

2. Normativa de aplicación

Circular 3/2020, de 15 de enero, de la Comisión Nacional de los Mercados y la Competencia, por la que se establece la metodología para el cálculo de los peajes de transporte y distribución de electricidad. https://www.boe.es/diario_boe/txt.php?id=BOE-A-2020-1066

Circular 3/2021, de 17 de marzo, de la Comisión Nacional de los Mercados y la Competencia, por la que se modifica la Circular 3/2020, de 15 de enero, por la que se establece la metodología para el cálculo de los peajes de transporte y distribución de electricidad. https://www.boe.es/eli/es/cir/2021/03/17/3.

Guía Profesional de Tramitación del Autoconsumo, IDAE

Guía técnica de aplicación del reglamento electrotécnico de baja tensión (no vinculante). http://www.f2i2.net/legislacionseguridadindustrial/rebt_guia.aspx

IDAE. Pliego de Condiciones Técnicas de Instalaciones Conectadas a Red. https://www.idae.es/uploads/documentos/documentos_5654_FV_pliego_condiciones_tecnicas_instalaciones_conectadas_a_red_C20_Julio_2011_3498eaaf.pdf

IDAE. Pliego de Condiciones Técnicas de Instalaciones de Baja Temperatura. https://www.idae.es/uploads/documentos/documentos_5654_ST_Pliego_de_Condiciones_Tecnicas_Baja_Temperatura_09_082ee24a.pdf

IEC 62548:2016 Requisitos de diseño de instalaciones fotovoltaicas

Ley 24/2013, de 26 de diciembre, del Sector Eléctrico. https://www.boe.es/buscar/pdf/2013/BOE-A-2013-13645-consolidado.pdf

Orden IET/1491/2013, de 1 de agosto, por la que se revisan los peajes de acceso de energía eléctrica para su aplicación a partir de agosto de 2013 y por la que se revisan determinadas tarifas y primas de las instalaciones del régimen especial para el segundo trimestre de 2013. https://www.boe.es/diario_boe/txt.php?id=BOE-A-2013-8561

Orden TED/1484/2021, de 28 de diciembre, por la que se establecen los precios de los cargos del sistema eléctrico de aplicación a partir del 1 de enero de 2022 y se establecen diversos costes regulados del sistema eléctrico para el ejercicio 2022. https://www.boe.es/diario_boe/txt.php?id=BOE-A-2021-21794.

Real Decreto-ley 18/2022, de 18 de octubre, por el que se aprueban medidas de refuerzo de la protección de los consumidores de energía y de contribución a la reducción del consumo de gas natural en aplicación del «Plan + seguridad para tu energía (+SE)», así como medidas en materia de retribuciones del personal al servicio del sector público y de protección de las personas trabajadoras agrarias eventuales afectadas por la sequía. Modifica el RD244/2019 de autoconsumo. https://www.boe.es/buscar/act.php?id=BOE-A-2022-17040.

Real Decreto-ley 20/2022, de 27 de diciembre, de medidas de respuesta a las consecuencias económicas y sociales de la Guerra de Ucrania y de apoyo a la reconstrucción de la isla de La Palma y a otras situaciones de vulnerabilidad. Modifica el RD244/2019 de autoconsumo. https://www.boe.es/buscar/pdf/2022/BOE-A-2022-22685-consolidado.pdf

Real Decreto 1110/2007, por el que se aprueba el Reglamento Unificado de Puntos de Medida del sistema eléctrico. https://www.boe.es/buscar/pdf/2007/BOE-A-2007-16478-consolidado.pdf

Real Decreto 148/2021, de 9 de marzo, por el que se establece la metodología de cálculo de los cargos del sistema eléctrico. https://www.boe.es/buscar/doc.php?id=BOE-A-2021-4239.

Real Decreto 15/2018, de 5 de octubre, de medidas urgentes para la transición energética y la protección de los consumidores. https://www.boe.es/buscar/pdf/2018/BOE-A-2018-13593-consolidado.pdf

Real Decreto 1699/2011, de 18 de noviembre, por el que se regula la conexión a red de instalaciones de producción de energía eléctrica de pequeña potencia. https://www.boe.es/buscar/pdf/2011/BOE-A-2011-19242-consolidado.pdf

Real Decreto 1955/2000, de 1 de diciembre, por el que se regulan las actividades de transporte, distribución, comercialización, suministro y procedimientos de autorización de instalaciones de energía eléctrica. https://www.boe.es/buscar/pdf/2000/BOE-A-2000-24019-consolidado.pdf

Real Decreto 244/2019, de 5 de abril, por el que se regulan las condiciones administrativas, técnicas y económicas del autoconsumo de energía eléctrica. https://www.boe.es/boe/dias/2019/04/06/pdfs/BOE-A-2019-5089.pdf

Real Decreto 450/2022, de 14 de junio, por el que se modifica el Código Técnico de la Edificación, aprobado por el Real Decreto 314/2006, de 17 de marzo. https://www.boe.es/diario_boe/txt.php?id=BOE-A-2022-9848

Real Decreto 842/2002, de 2 de agosto, por el que se aprueba el Reglamento electrotécnico para baja tensión. https://www.boe.es/eli/es/rd/2002/08/02/842

Real Decreto 900/2015, de 9 de octubre, por el que se regulan las condiciones administrativas, técnicas y económicas de las modalidades de suministro de energía eléctrica con autoconsumo y de producción con autoconsumo. Parcialmente derogado. https://www.boe.es/buscar/pdf/2015/BOE-A-2015-10927-consolidado.pdf

Resolución de 16 de diciembre de 2021, de la Comisión Nacional de los Mercados y la Competencia, por la que se establecen los valores de los peajes de acceso a las redes de transporte y distribución de electricidad de aplicación a partir del 1 de enero de 2022. https://www.boe.es/boe/dias/2021/12/22/pdfs/BOE-A-2021-21208.pdf.

Resolución de 23 de diciembre de 2021, de la Dirección General de Política Energética y Minas, por la que se aprueba el perfil de consumo y el método de cálculo a efectos de liquidación de energía, aplicables para aquellos puntos de medida tipo 4 y tipo 5 de consumidores que no dispongan de registro horario de consumo, según el Real Decreto 1110/2007, de 24 de agosto, por el que se aprueba el Reglamento Unificado de Puntos de Medida del Sistema Eléctrico, para el año 2022. https://www.boe.es/boe/dias/2021/12/27/pdfs/BOE-A-2021-21395.pdf

UNE-EN 50618 Cables eléctricos para sistemas fotovoltaicos

UNE-EN 60269-6:2012 Fusibles de baja tensión. Parte 6: Requisitos suplementarios para los cartuchos fusibles utilizados para la protección de sistemas de energía solar fotovoltaica.

UNE 20460-7-712 Instalaciones eléctricas en edificios. Parte 7-712: Reglas para las instalaciones y emplazamientos especiales. Sistemas de alimentación solar fotovoltaica (PV).

3. Análisis del consumo

En este apartado se analiza la factura anual de la instalación deportiva mediante el estudio de las facturas correspondientes a un año completo.

Los datos de la tarifa contratada se desprenden de la lectura de una de las facturas.

Tarifa: 3.0TD (baja tensión y potencia contratada superior a 15 kW) (Circular 3/2020 CNMC)

Potencia contratada: P1=32 kW; P2=32 kW; P3=32 kW, P4=32 kW; P5=32 kW; P6=32 kW

A continuación, se muestra la factura de fecha 04/02/2022.

DATOS DE FACTURA

Periodo de facturación 31/12/2021 – 31/01/2022

DATOS RELACIONADOS CON SU SUMINISTRO

Número de contrato: 777561270
Empresa distribuidora: i- DE, Redes Eléctricas Inteligentes, S.A.U.
Número de contrato de acceso: 0146776010
Identificación punto de suministro (CUPS): ES 0021 0000 0830 6345 RF
Forma de pago: DOMICILIACION BANCARIA
Entidad: CAIXABANK
IBAN: ES13 2100 1942 9102 0001 ***
BIC: CAIXESBBXXX
Código de mandato: 218610523000
*** Ocultos para su seguridad

Tipo discriminación horaria: TGPAT
Potencia contratada: PC1: 32 kW PC2: 32 kW PC3: 32 kW
PC4: 32 kW PC5: 32 kW PC6: 32 kW
Peaje de acceso a la red (ATR): 3.0TD
Precios de peajes de acceso: B.O.E. del 22/12/2021
Duración de contrato hasta: 15/12/2022

CONOZCA AL DETALLE SU FACTURACIÓN Y CONSUMOS

ENERGÍA

Potencia facturada

P1 32 kW x 31 días x 0,048184 €/kW día	47,80 €
P2 32 kW x 31 días x 0,035388 €/kW día	35,10 €
P3 32 kW x 31 días x 0,017152 €/kW día	17,01 €
P4 32 kW x 31 días x 0,014592 €/kW día	14,48 €
P5 32 kW x 31 días x 0,009736 €/kW día	9,66 €
P6 32 kW x 31 días x 0,006221 €/kW día	6,17 €

Total importe potencia hasta 31/01/2022   130,22 €

Energía facturada

P1 1.612 kWh x 0,247399 €/kWh	398,81 €
P2 1.389 kWh x 0,232049 €/kWh	322,32 €
P6 4.210 kWh x 0,185035 €/kWh	779,00 €

Total 7.211 kWh hasta 31/01/2022   1.500,13 €

Descuento sobre consumo 5%	5% s/1.500,13 €	−75,01 €
Impuesto sobre electricidad	0,5% s/1.555,34 €	7,78 €
TOTAL ENERGÍA		1.563,12 €

IMPORTE TOTAL		1.563,12 €
IVA	21% s/1.563,12 €	328,26 €
TOTAL IMPORTE FACTURA		1.891,38 €

EL 18,3% DE SU FACTURA

ESTÁ DESTINADO A IMPUESTOS Y CARGOS

6,9%
17,8%
0,5%
74,8%

Energía	74,8%
Peajes de Transporte y Distribución	6,9%
Impuestos	17,8%
Alquiler contador	0,0%
Cargos	0,5%
Renovables, cogeneración y residuos	0,2%
Anualidades del déficit	0,2%
Sobrecoste generación no peninsular	0,1%
Otros	0,0%

(Figura 1, continúa en la página siguiente)

(Figura 1, continúa de la página anterior)

CONSUMOS

N° contador	Periodo horario	Desde	Lectura	Hasta	Lectura	Consumo/Potencia
0502006982	Energía activa P1	31/12/2021	00012881	31/01/2022	00014493	1.612 kWh
0502006982	Energía activa P2	31/12/2021	00021530	31/01/2022	00022919	1.389 kWh
0502006982	Energía activa P3	31/12/2021	00017710	31/01/2022	00017710	0 kWh
0502006982	Energía activa P4	31/12/2021	00011112	31/01/2022	00011112	0 kWh
0502006982	Energía activa P5	31/12/2021	00009695	31/01/2022	00009695	0 kWh
0502006982	Energía activa P6	31/12/2021	00036057	31/01/2022	00040267	4.210 kWh
0502006982	Energía reactiva P1	31/12/2021	00000994	31/01/2022	00001243	249 kVArh
0502006982	Energía reactiva P2	31/12/2021	00002529	31/01/2022	00002689	160 kVArh
0502006982	Energía reactiva P3	31/12/2021	00002179	31/01/2022	00002179	0 kVArh
0502006982	Energía reactiva P4	31/12/2021	00001426	31/01/2022	00001426	0 kVArh
0502006982	Energía reactiva P5	31/12/2021	00001083	31/01/2022	00001083	0 kVArh
0502006982	Energía reactiva P6	31/12/2021	00003747	31/01/2022	00004136	389 kVArh
0502006982	Maxímetro P1	31/12/2021	00000000	31/01/2022	00000020	20 kW
0502006982	Maxímetro P2	31/12/2021	00000000	31/01/2022	00000024	24 kW
0502006982	Maxímetro P3	31/12/2021	00000000	31/01/2022	00000000	0 kW
0502006982	Maxímetro P4	31/12/2021	00000000	31/01/2022	00000000	0 kW
0502006982	Maxímetro P5	31/12/2021	00000000	31/01/2022	00000000	0 kW
0502006982	Maxímetro P6	31/12/2021	00000000	31/01/2022	00000021	21 kW

Figura 1. Factura real del centro deportivo de 31.12.21 a 31.01.22

Analizadas las facturas con la ayuda de una hoja de cálculo, se obtiene:

Tabla 1. Factura real del centro deportivo en Excel

FACTURA ENERO 2022					
Dias	**31/12/2021**	**31/01/2022**	**31**		
Término de potencia	*Maxímetro*	A facturar	Precio (€/kW,d)	Total €	
P1	20	32,00	0,048184	47,8	
P2	24	32,00	0,035388	35,1	
P3		32,00	0,017152	17,01	
P4		32,00	0,014592	14,48	
P5		32,00	0,009736	9,66	
P6	21	32,00	0,006221	6,17	
Término de energía activa					
P1		1612,00	0,247399	398,81	
P2		1389,00	0,232049	322,32	
P3		0,00		0,00	
P4		0,00		0,00	
P5		0,00		0,00	
P6		4210,00	0,185035	779,00	
Término de energía reactiva					
Energía reactiva		0,00		0	
Descuento sobre consumo		1500,13	-0,05	-75,01	
Impuesto de electricidad		1555,34	0,005	7,78	
Alquiler equipos medida y control		0		0	
			Base imponible	1563,12	
			IVA 21%	328,26	
			Total factura	**1891,38**	

Las facturas del resto de meses pueden consultarse en las hojas Excel accesibles desde el enlace señalado en el Apartado 13 (Hojas de cálculo e impresos oficiales).

Es importante observar que se han trasladado a hoja de cálculo Excel las 12 facturas del año 2022, mes a mes, con sus correspondientes periodos de facturación con los periodos de facturación reales, de forma que se pueden comprobar los resultados con las facturas reales.

4. Margen de reducción de la factura

El resumen anual se puede observar en la siguiente tabla.

Tabla 2. Faturación real anual del centro deportivo en Excel

MES factura	Desde	Hasta	P1	P2	P3	P4	P5	P6	Suma	Potencia	Energia	Otros	Base	IVA	Total
					CONSUMO (kWh)							GASTO (€)			
Enero 2017	31/12/2021	31/01/2022	1.612,00	1.389,00	0,00	0,00	0,00	4.210,00	7.211,00	130,22	1500,13	-67,23	1563,12	328,26	1.891,38
Febrero 2017	31/01/2022	28/02/2022	1.559,00	1.322,00	0,00	0,00	0,00	3.554,00	6.435,00	117,61	1350,08	-60,5	1407,19	295,51	1.702,70
Marzo 2017	28/02/2022	31/03/2022	0,00	1.799,00	1.098,00	0,00	0,00	3.242,00	6.139,00	129,68	1284,03	-57,45	1356,26	284,82	1.641,08
Abril 2017	31/03/2022	30/04/2022	0,00	0,00	0,00	1.268,00	1.518,00	4.035,00	6.821,00	109,84	1268,01	-55,66	1322,19	277,66	1.599,85
Mayo 2017	30/04/2022	31/05/2022	0,00	0,00	0,00	1.503,00	1.819,00	4.635,00	7.957,00	113,5	1479,47	-65,06	1527,91	320,86	1.848,77
Junio 2017	31/05/2022	30/06/2022	0,00	0,00	2.984,00	2.425,00	0,00	4.849,00	10.258,00	109,84	1963,61	-87,00	1986,45	417,15	2.403,60
Julio 2017	30/06/2022	31/07/2022	3.325,00	2.747,00	0,00	0,00	0,00	5.627,00	11.699,00	113,50	2415,90	-107,61	2421,79	508,58	2.930,37
Agosto 2017	31/07/2022	31/08/2022	0,00	0,00	0,00	0,00	0,00	0,00	0,00	113,5	0,00	1,71	115,21	24,19	139,40
Septiembre 2017	31/08/2022	30/09/2022	0,00	0,00	4.220,04	3.868,93	338,30	7.379,35	15.806,63	109,84	3020,51	-133,11	2997,24	629,42	3.626,66
Octubre 2017	30/09/2022	31/10/2022	0,00	0,00	0,00	2.936,73	1.229,67	2.980,13	7.146,53	113,5	1343,28	-57,05	1399,73	293,94	1.693,67
Noviembre 2017	31/10/2022	30/11/2022	0,00	1.887,00	774,00	0,00	0,00	1.513,00	4.174,00	109,84	852,02	-31,21	930,65	195,44	1.126,09
Diciembre 2017	30/11/2022	12/12/2022	1.139,25	565,75	0,00	0,00	0,00	2.960,50	4.665,50	43,95	934,57	134,61	1113,13	233,76	1.346,89
Sumas			7.635,25	9.709,75	9.076,04				88.312,66	1.314,82	17.411,61	-585,56	18.140,87	3.809,59	21.950,46

De esta tabla se puede extraer el importe económico que puede ser reducido como consecuencia de la instalación solar fotovoltaica en autoconsumo, que reducirá la facturación del término de energía.

$$\text{Margen reducción factura anual} = 17.411{,}61 \times 1{,}21 = 21.980{,}46 \ €$$

El término de potencia no se ve alterado puesto que la potencia a contratar debe ser la misma, independientemente de que se disponga de instalación de generación (salvo que ésta ofrezca garantía de servicio, algo que no garantiza una instalación fotovoltaica).

Este margen económico se corresponde con el margen a reducir de consumo de energía de la red:

$$\text{Margen reducción energía anual} = 88.312{,}86 \ kWh$$

4.1. Potencia a contratar

La potencia contratada es ligeramente superior al valor del maxímetro en todos los periodos, por lo que se podría ajustar un poco con una potencia contratada igual al valor máximo del maxímetro, del orden de 25 kW frente a los 32 kW actuales, pero dada la pequeña diferencia se considera adecuado el valor de 32 kW de potencia contratada.

Con la normativa actual, Circular 3/2020 de la CNMC, el valor mínimo de la potencia a facturar coincide con la potencia contratada, siendo penalizados los excesos, especialmente a partir de un registro del maxímetro del 105% del valor de la potencia contratada.

5. Curva de carga, perfil de consumo

Para dimensionar la instalación de generación fotovoltaica, es necesario conocer la curva de carga o perfil de consumo horario, que facilita la empresa distribuidora mediante la introducción del CUPS del suministro en su aplicación. (Iberdrola: https://www.iberdroladistribucionelectrica.com/consumidores/inicio.html#informacion-del-contrato).

Figura 2. Perfil de consumo real

Analizando las curvas de carga para diferentes días, entrando en la aplicación de la compañía distribuidora, se puede observar que en periodo diurno, que es cuando se dispone de recurso solar, la potencia media horaria está comprendida entre 5 y 10 kW como se puede observar en la figura.

En un primer estudio se elige una potencia de la instalación fotovoltaica en el entorno de 5 kW, de forma que nunca, o casi nunca, se genere más energía que la que se consume. De esta forma se garantiza un ahorro en la factura mediante la disminución del término de energía. En el apartado posterior de dimensionamiento y selección de equipos se determina la potencia exacta de la instalación.

6. Análisis del recurso solar

Para maximizar la producción anual, el CTE sección HE5, en el Apartado 2.2, Punto 6, en su versión inicial (no aparece este criterio en la versión actual), consideraba como orientación óptima el sur y la inclinación óptima la latitud del lugar menos 10°.

La ubicación de la instalación deportiva es Paterna, Valencia, con una latitud de 39,5°, por tanto, la inclinación óptima de los módulos solares es de 39,5-10=29,5°.

También se puede utilizar la expresión del ángulo de inclinación óptimo siguiente:

$$\beta_{op} = 3{,}7 + (0{,}69 \times \lambda)$$

que sustituyendo valores resulta:

$$\beta_{op} = 3{,}7 + (0{,}69 \times 39{,}5) = 30{,}96°$$

Es importante indicar que dado que se trata de una instalación de autoconsumo la mejor elección de orientación es aquella que hace que la curva horaria de generación coincida con la curva horaria de consumo, por lo que no siempre la orientación sur será la mejor elección. En este trabajo se ha optado por la orientación sur siguiendo el criterio de maximizar la generación.

Se toma una inclinación de 30°. En un principio, a la espera de un estudio más detallado posterior, se considera que no hay ningún inconveniente para la instalación solar con esta inclinación.

El paso siguiente es calcular la irradiación anual E_A (energía anual por m²), para lo cual se empieza leyendo del Pliego de Condiciones Técnicas de Instalaciones de Baja Temperatura del IDAE, la irradiación diaria sobre una *superficie horizontal* situada en la provincia de Valencia, que aparece en el pliego de condiciones del IDAE.

Tabla 3. Irradiación diaria media MJ/m² y día. Fuente: Pliego IDAE

Energía en megajulios que incide sobre un metro cuadrado de superficie horizontal en un día medio de cada mes. (Fuente: CENSOLAR).

		ENE	FEB	MAR	ABR	MAY	JUN	JUL	AGO	SEP	OCT	NOV	DIC	AÑO
1	ÁLAVA	4,6	6,9	11,2	13	14,8	16,6	18,1	17,3	14,3	9,5	5,5	4,1	11,3
2	ALBACETE	6,7	10,5	15	19,2	21,2	25,1	26,7	23,2	18,8	12,4	8,4	6,4	16,1
3	ALICANTE	8,5	12	16,3	18,9	23,1	24,8	25,8	22,5	18,3	13,6	9,8	7,6	16,8
4	ALMERÍA	8,9	12,2	16,4	19,6	23,1	24,6	25,3	22,5	18,5	13,9	10	8	16,9
5	ASTURIAS	5,3	7,7	10,6	12,2	15	15,2	16,8	14,8	12,4	9,8	5,9	4,6	10,9
6	ÁVILA	6	9,1	13,5	17,7	19,4	22,3	26,3	25,3	18,8	11,2	6,9	5,2	15,1
7	BADAJOZ	6,5	10	13,6	18,7	21,8	24,6	25,9	23,8	17,9	12,3	8,2	6,2	15,8
8	BALEARES	7,2	10,7	14,4	16,2	21	22,7	24,2	20,6	16,4	12,1	8,5	6,5	15
9	BARCELONA	6,5	9,5	12,9	16,1	18,6	20,3	21,6	18,1	14,6	10,8	7,2	5,8	13,5
10	BURGOS	5,1	7,9	12,4	16	18,7	21,5	23	20,7	16,7	10,1	6,5	4,5	13,6
11	CÁCERES	6,8	10	14,7	19,6	22,1	25,1	28,1	25,4	19,7	12,7	8,9	6,6	16,6
12	CÁDIZ	8,1	11,5	15,7	18,5	22,2	23,8	25,9	23	18,1	14,2	10	7,4	16,5
13	CANTABRIA	5	7,4	11	13	16,1	17	18,4	15,5	13	9,5	5,8	4,5	11,3
14	CASTELLÓN	8	12,2	15,5	17,4	20,6	21,4	23,9	19,5	16,6	13,1	8,6	7,3	15,3
15	CEUTA	8,9	13,1	18,6	21	24,3	26,7	26,8	24,3	19,1	14,2	11	8,6	18,1
16	CIUDAD REAL	7	10,1	15	18,7	21,4	23,7	25,3	23,2	18,8	12,5	8,7	6,5	15,9
17	CÓRDOBA	7,2	10,1	15,1	18,5	21,8	25,9	28,5	25,1	19,9	12,6	8,6	6,9	16,7
18	LA CORUÑA	5,4	8	11,4	12,4	15,4	16,2	17,4	15,3	13,9	10,9	6,4	5,1	11,5
19	CUENCA	5,9	8,8	12,9	17,4	18,7	22	25,6	22,3	17,5	11,2	7,2	5,5	14,6
20	GERONA	7,1	10,5	14,2	15,9	18,7	19	22,3	18,5	14,9	11,7	7,8	6,6	13,9
21	GRANADA	7,8	10,8	15,2	18,5	21,9	24,8	26,7	23,6	18,8	12,9	9,6	7,1	16,5
22	GUADALAJARA	6,5	9,2	14	17,9	19,4	22,7	25	23,2	17,8	11,7	7,8	5,6	15,1
23	GUIPÚZCOA	5,5	7,7	11,3	11,7	14,6	16,2	16,1	13,6	12,7	10,3	6,2	5	10,9
24	HUELVA	7,6	11,3	16	19,5	24,1	25,6	28,7	25,6	21,2	14,5	9,2	7,5	17,6
25	HUESCA	6,1	9,6	14,3	18,7	20,3	22,1	23,1	20,9	16,9	11,3	7,2	5,1	14,6
26	JAÉN	6,7	10,1	14,4	18	20,3	24,4	26,7	24,1	19,2	11,9	8,1	6,5	15,9
27	LEÓN	5,8	8,7	13,8	17,2	19,5	22,1	24,2	20,9	17,2	10,4	7	4,8	14,3
28	LERIDA	6	9,9	18	18,8	20,9	22,6	23,8	21,3	16,8	12,1	7,2	4,8	15,2
29	LUGO	5,1	7,6	11,7	15,2	17,1	19,5	20,2	18,4	15	9,9	6,2	4,5	12,5
30	MADRID	6,7	10,6	13,6	18,8	20,9	23,5	26	23,1	16,9	11,4	7,5	5,9	15,4
31	MALAGA	8,3	12	15,5	18,5	23,2	24,5	26,5	23,2	19	13,6	9,3	8	16,8
32	MELILLA	9,4	12,6	17,2	20,3	23	24,8	24,8	22,6	18,3	14,2	10,9	8,7	17,2
33	MURCIA	10,1	14,8	16,6	20,4	24,2	25,6	27,7	23,5	18,6	13,9	9,8	8,1	17,8
34	NAVARRA	5	7,4	12,3	14,5	17,1	18,9	20,5	18,2	16,2	10,2	6	4,5	12,6
35	ORENSE	4,7	7,3	11,3	14	16,2	17,6	18,3	16,6	14,3	9,4	5,6	4,3	11,6
36	PALENCIA	5,3	9	13,2	17,5	19,7	21,8	24,1	21,6	17,1	10,9	6,6	4,6	14,3
37	LAS PALMAS	11,2	14,2	17,8	19,6	21,7	22,5	24,3	21,9	19,8	15,1	12,3	10,7	17,6
38	PONTEVEDRA	5,5	8,2	13	17,5	17,5	20,4	22	18,9	15,1	11,3	6,8	5,5	13,3
39	LA RIOJA	5,6	8,8	13,7	16,6	19,2	21,4	23,3	20,8	16,2	10,7	6,8	4,8	14
40	SALAMANCA	6,1	9,5	13,5	17,1	19,7	22,8	24,6	22,6	17,5	11,3	7,4	5,2	14,8
41	STA. C. DE TENERIFE	10,7	13,3	18,1	21,5	25,7	26,5	29,3	26,6	21,2	16,2	10,8	9,3	19,1
42	SEGOVIA	5,7	8,8	13,4	18,4	20,4	22,6	25,7	24,9	18,8	11,4	6,8	5,1	15,2
43	SEVILLA	7,3	10,9	14,4	19,2	22,4	24,3	24,9	23	17,9	12,3	8,8	6,9	16
44	SORIA	5,9	8,7	12,8	17,1	19,7	21,8	24,1	22,3	17,5	11,1	7,6	5,6	14,5
45	TARRAGONA	7,3	10,7	14,9	17,6	20,2	22,5	23,8	20,5	16,4	12,3	8,8	6,3	15,1
46	TERUEL	6,1	8,8	12,9	16,7	18,4	20,6	21,8	20,7	16,9	11	7,1	5,3	13,9
47	TOLEDO	6,2	9,5	14	19,3	21	24,4	27,2	24,5	18,1	11,9	7,6	5,6	15,8
48	VALENCIA	7,6	10,6	14,9	18,1	20,6	22,8	23,8	20,7	16,7	12	8,7	6,6	15,3
49	VALLADOLID	5,5	8,8	13,9	17,2	19,9	22,6	25,1	23	18,3	11,2	6,9	4,2	14,7
50	VIZCAYA	5	7,1	10,4	12,7	15,5	16,7	17,9	15,7	13,1	9,3	6	4,6	11,2
51	ZAMORA	5,4	8,9	13,2	17,3	22,2	21,6	23,5	22	17,2	11,1	6,7	4,6	14,5
52	ZARAGOZA	6,3	9,8	15,2	18,3	21,8	24,2	25,1	23,4	18,3	12,1	7,4	5,7	15,6

Estos valores de la irradiación deben ser corregidos para obtener los valores de irradiación para una *superficie inclinada*. Los valores de irradiación sobre una superficie inclinada se obtienen multiplicando los valores sobre superficie horizontal (tabla anterior) por un coeficiente corrector que depende de la inclinación de los paneles y de la latitud del emplazamiento. Este coeficiente corrector se encuentra en las tablas contenidas en el pliego del IDAE.

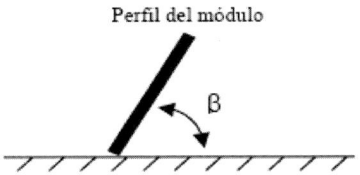

Perfil del módulo

Figura 3. Inclinación captadores. Fuente: CTE-HE4

La tabla con los factores de corrección a utilizar será la correspondiente a una latitud de 39° (próxima a los 39,5° del emplazamiento), que corresponde a la ubicación determinada. Para ser más precisos se puede interpolar entre los valores para una latitud de 39° y una de 40°.

Tabla 4. Factores de corrección por inclinación. Fuente: Pliego IDAE

LATITUD = 39°											
Incli.	ENE	FEB	MAR	ABR	MAY	JUN	JUL	AGO	SEP	OCT	NOV	DIC
0	1	1	1	1	1	1	1	1	1	1	1	1
5	1,07	1,06	1,04	1,03	1,02	1,01	1,02	1,03	1,05	1,07	1,09	1,08
10	1,14	1,11	1,08	1,05	1,03	1,02	1,03	1,06	1,1	1,14	1,17	1,16
15	1,19	1,16	1,11	1,07	1,03	1,02	1,03	1,07	1,13	1,2	1,24	1,23
20	1,25	1,2	1,14	1,07	1,03	1,01	1,03	1,08	1,16	1,25	1,31	1,29
25	1,29	1,23	1,15	1,07	1,02	1	1,02	1,08	1,18	1,29	1,36	1,35
30	1,33	1,25	1,16	1,07	1	0,97	1	1,08	1,19	1,33	1,41	1,4
35	1,35	1,27	1,16	1,05	0,97	0,94	0,98	1,06	1,2	1,35	1,45	1,43
40	1,37	1,27	1,15	1,03	0,94	0,91	0,94	1,04	1,19	1,37	1,48	1,46
45	1,38	1,27	1,14	1	0,9	0,87	0,9	1,01	1,18	1,37	1,5	1,48
50	1,39	1,26	1,12	0,97	0,86	0,82	0,86	0,98	1,16	1,37	1,51	1,5
55	1,38	1,25	1,09	0,93	0,81	0,77	0,81	0,94	1,13	1,36	1,51	1,5
60	1,37	1,22	1,05	0,88	0,75	0,71	0,75	0,89	1,1	1,34	1,51	1,49
65	1,35	1,19	1,01	0,83	0,69	0,65	0,69	0,83	1,05	1,31	1,49	1,47
70	1,32	1,15	0,96	0,77	0,63	0,58	0,63	0,77	1	1,27	1,46	1,45
75	1,28	1,11	0,91	0,7	0,56	0,51	0,56	0,71	0,95	1,23	1,42	1,41
80	1,23	1,06	0,84	0,64	0,49	0,43	0,48	0,64	0,88	1,17	1,37	1,37
85	1,18	1	0,78	0,56	0,41	0,35	0,41	0,56	0,81	1,11	1,32	1,32
90	1,12	0,93	0,71	0,49	0,33	0,28	0,33	0,49	0,74	1,04	1,25	1,26

Con todo lo expuesto se puede colocar en una tabla los valores mensuales de irradiación, obteniendo la irradiación anual como suma de las irradiaciones de cada mes.

Tabla 5. Cálculo irradiación anual. Fuente: elaboración propia

Irradiación solar	Superficie horizontal		λ= 39° N β=30°	Superficie inclinada		Irradiación anual		
	MJ/m² y día	kWh/m² y día	Factor corrección	MJ/m² y día	kWh/m² y día	MJ/m² y mes	kWh/m² y mes	
Enero	7,60	2,11	1,33	10,11	2,81	313,41	87,11	
Febrero	10,60	2,94	1,25	13,25	3,68	371	103,04	
Marzo	14,90	4,14	1,16	17,28	4,8	535,68	148,8	
Abril	18,10	5,03	1,07	19,37	5,38	581,1	161,4	
Mayo	20,60	5,72	1,00	20,6	5,72	638,6	177,32	
Junio	22,80	6,33	0,97	22,12	6,14	663,6	184,2	
Julio	23,80	6,61	1,00	23,8	6,61	737,8	204,91	
Agosto	20,70	5,75	1,08	22,36	6,21	693,16	192,51	
Septiembre	16,70	4,64	1,19	19,87	5,52	596,1	165,6	
Octubre	12,00	3,33	1,33	15,96	4,43	494,76	137,33	
Noviembre	8,70	2,42	1,41	12,27	3,41	368,1	102,3	
Diciembre	6,60	1,83	1,40	9,24	2,56	286,44	79,36	
Anual	15,30	4,25		206,23	57,27	6279,75	1743,88	E_A

Así pues, la irradiación anual resultante E_A para una instalación situada en Paterna con una inclinación de los captadores de 30° es de 6.279,75 MJ/m² y año o 1.743,88 kWh/m² y año.

7. Modalidad de autoconsumo sin excedentes

En un primer estudio se elige una potencia de la instalación fotovoltaica en el entorno de 5 kW, de forma que nunca, o casi nunca, se genere más energía que la que se consume. De esta forma se garantiza un ahorro en la factura mediante la disminución del término de energía. En el apartado posterior de dimensionamiento y selección de equipos se determina la potencia exacta de la instalación.

Para garantizar la no generación de excedentes, la instalación contará con un equipo instalado en la entrada de la instalación eléctrica que impedirá el vertido a red en el caso que existiese (caso por ejemplo de generación eléctrica y ausencia de consumo en el polideportivo).

Se puede no instalar un equipo anti-vertido si se opta por la modalidad de autoconsumo con excedentes. En este caso podrá haber algún momento con vertido a red, pero será totalmente despreciable dada la potencia de la instalación.

7.1. Dimensionamiento de la instalación. Selección de equipos

Módulo fotovoltaico

Existen tres tecnologías de células fotovoltaicas, monocristalino, policristalino y amorfo. Los módulos monocristalinos son más eficientes, pero también presentan un precio elevado, los módulos amorfos son poco eficientes. Los módulos policristalinos son los más usados por su eficiencia y precio.

Para el cálculo de la instalación y la generación fotovoltaica de la misma utilizaremos paneles, modelo ATERSA A-450M de amplio uso en el sector, que presenta las siguientes características (Figura 4).

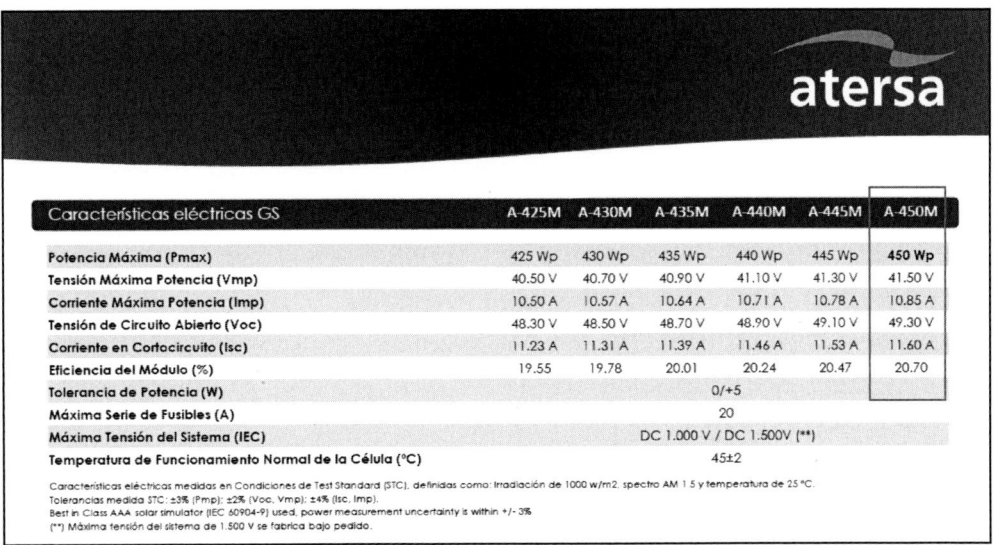

Características eléctricas GS	A-425M	A-430M	A-435M	A-440M	A-445M	A-450M
Potencia Máxima (Pmax)	425 Wp	430 Wp	435 Wp	440 Wp	445 Wp	**450 Wp**
Tensión Máxima Potencia (Vmp)	40.50 V	40.70 V	40.90 V	41.10 V	41.30 V	41.50 V
Corriente Máxima Potencia (Imp)	10.50 A	10.57 A	10.64 A	10.71 A	10.78 A	10.85 A
Tensión de Circuito Abierto (Voc)	48.30 V	48.50 V	48.70 V	48.90 V	49.10 V	49.30 V
Corriente en Cortocircuito (Isc)	11.23 A	11.31 A	11.39 A	11.46 A	11.53 A	11.60 A
Eficiencia del Módulo (%)	19.55	19.78	20.01	20.24	20.47	20.70
Tolerancia de Potencia (W)	0/+5					
Máxima Serie de Fusibles (A)	20					
Máxima Tensión del Sistema (IEC)	DC 1.000 V / DC 1.500V (**)					
Temperatura de Funcionamiento Normal de la Célula (°C)	45±2					

Características eléctricas medidas en Condiciones de Test Standard (STC), definidas como: Irradiación de 1000 w/m2, spectro AM 1.5 y temperatura de 25 °C.
Tolerancias medida STC: ±3% (Pmp); ±2% (Voc, Vmp); ±4% (Isc, Imp).
Best in Class AAA solar simulator (IEC 60904-9) used, power measurement uncertainty is within +/- 3%
(**) Máxima tensión del sistema de 1.500 V se fabrica bajo pedido.

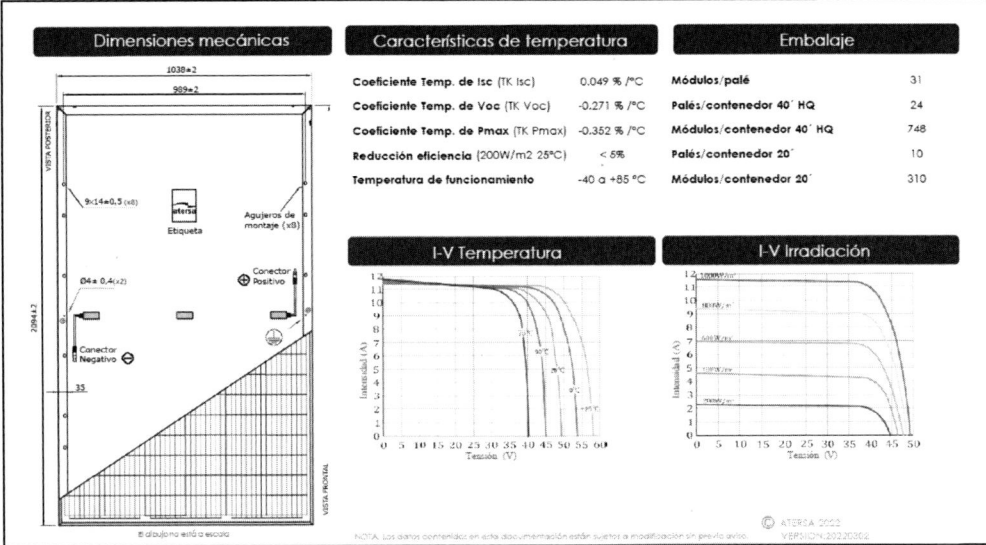

Figura 4. Módulo fotovoltaico, características

Las características a utilizar del módulo elegido son:

Potencia máxima P_{max} = 450 W

Tensión máxima potencia V_{mp} = 41,50 V

Corriente de máxima potencia I_{mp} = 10,85 A

Tensión de circuito abierto $V_{oc} = 49,30$ V

Corriente de cortocircuito $I_{sc} = 11,60$ A

Máxima serie de fusibles 20 A, máxima corriente que soportan los módulos

Coef. de Temp. de I_{sc} (TK I_{sc}) = 0,049 %/°C, V

Coef. de Temp. de V_{oc} (TK V_{oc}) = -0,271 %/°C, V

Es importante destacar que, generalmente los fabricantes facilitan los datos técnicos para unas condiciones estándar de medida (CEM o STC, Stándar Test Contitions), que son:

Irradiancia G_{CEM}: 1.000 W/m²

Distribución espectral: AM 1,5 G

Temperatura de célula: = 25 °C

Calcularemos en primer lugar el número de paneles y la disposición serie/paralelo de los mismos. Para ello necesitamos las características del panel y del inversor a utilizar, que se extraen de los catálogos del fabricante.

Inversor

El RD 1699/2011, (Artículo 12), exige realizar una instalación trifásica cuando la potencia es mayor de 15 kW. Por otro lado, si el consumo es trifásico la conexión de la instalación de generación también deberá serlo. Por tanto, como el consumo es trifásico, se elige un inversor trifásico.

El CTE-HE5 (Apartado 3.2.3.2 de su versión inicial de 2006 donde se indicaban criterios generales de cálculo y que han desaparecido de la versión actual) establecía que la potencia *mínima* del inversor ha de ser del 80 % de la potencia pico de la instalación fotovoltaica, por lo tanto:

Esta exigencia se debe a la instalación fotovoltaica tiene unos rendimientos del orden de 80-85% (Performance Ratio PR), es decir no me puede extraer toda la potencia pico. Además, los inversores presentan mejores valores de rendimiento para valores de potencia altos. Si se elige un inversor de más potencia trabajará más tiempo en un rango de potencia con rendimientos bajos. Es importante tener en cuenta que la instalación trabaja durante determinadas horas con valores de potencia bajos (mañanas y tardes). Los inversores actuales presentan buenos rendimientos para regímenes de cargas bajos por lo que este requisito no resultaría necesario.

Se elige un inversor trifásico de la marca Fronius, muy utilizada en el sector, modelo Symo 5.0-3-M de 5 kW, cuyas características aparecen en la Figura 5.

DATOS TÉCNICOS FRONIUS SYMO (5.0-3-M, 6.0-3-M, 7.0-3-M, 8.2-3-M)

DATOS DE ENTRADA	SYMO 5.0-3-M	SYMO 6.0-3-M	SYMO 7.0-3-M	SYMO 8.2-3-M
Máxima corriente de entrada ($I_{dc\ máx.\ 1}$ / $I_{dc\ máx.\ 2}$)			16 A / 16 A	
Máxima corriente de cortocircuito por serie FV (MPP_1/MPP_2)			24 A / 24 A	
Mínima tensión de entrada ($U_{dc\ min.}$)			150 V	
Tensión CC mínima de puesta en servicio ($U_{dc\ arranque}$)			200 V	
Tensión de entrada nominal ($U_{dc,r}$)			595 V	
Máxima tensión de entrada ($U_{dc\ máx.}$)			1.000 V	
Rango de tensión MPP ($U_{mpp\ mín.}$ – $U_{mpp\ máx.}$)	163 - 800 V	195 - 800 V	228 - 800 V	267 - 800 V
Número de seguidores MPP			2	
Número de entradas CC			2 + 2	
Máxima salida del generador FV ($P_{dc\ máx.}$)	10,0kW $_{pico}$	12,0kW $_{pico}$	14,0kW $_{pico}$	16,4kW $_{pico}$

DATOS DE SALIDA	SYMO 5.0-3-M	SYMO 6.0-3-M	SYMO 7.0-3-M	SYMO 8.2-3-M
Potencia nominal CA ($P_{ac,r}$)	5.000 W	6.000 W	7.000 W	8.200 W
Máxima potencia de salida	5.000 VA	6.000 VA	7.000 VA	8.200 VA
Máxima corriente de salida ($I_{ac\ máx.}$)	7,2 A	8,7 A	10,1 A	11,8 A
Acoplamiento a la red (rango de tensión)		3 NPE 400 V / 230 V o 3-NPE 380 V /220 V (+20 % / -30 %)		
Frecuencia (rango de frecuencia)		50 Hz / 60 Hz (45 - 65 Hz)		
Coeficiente de distorsión no lineal		< 3 %		
Factor de potencia (cos $φ_{ac,r}$)		0,85 - 1 ind. / cap.		

Figura 5. Inversor Fronius, características

De la tabla se puede observar las tensiones de continua de entrada al inversor mínima (150 V) y máxima (1.000 V), así como estos valores para funcionamiento en modo extracción de la máxima potencia de los módulos MPPT, tensión mínima (163 V) y máxima (800 V).

Asimismo, la corriente continua máxima de entrada al inversor es de 16 A en MPPT y de 24 A en cortocircuito.

De acuerdo con lo indicado en el Artículo 14 del RD1699/2011, el inversor deberá contar con las protecciones de la conexión de máxima y mínima frecuencia y de máxima y mínima tensión entre fases.

Conexión de los módulos fotovoltaicos

Con los valores límite de tensión e intensidad en corriente continua se determina la conexión de los módulos solares.

La tensión de los módulos aumenta logarítmicamente con la irradiancia y decrece con temperatura, mediante la siguiente expresión:

$$V_T = V_{STC} + m \times v \times \ln \frac{G}{G_{STC}} + V_{STC} \times (T - T_{cel}) \times TKV_{oc}$$

donde:

T= temperatura del emplazamiento

TK_V= coeficiente de temperatura aplicable a tensiones (-0.271% A-450M GS)

T_{cel} = temperatura de la célula (CEM, 25 °C)

V_{STC} = valor de tensión a temperatura T

G = irradiancia W/m^2

G = irradiancia en condiciones STC, 1.000 W/m^2

m = factor de idealidad del diodo

v = voltaje térmico

No se considera que la irradiancia supere el valor STC de 1.000 W/m^2, por lo que la expresión se simplifica:

$$V_T = V_{STC} + V_{STC} \times (T - T_{cel}) \times TK_V$$

Como la tensión de los módulos oscila entre V_{mp} =41,5 V (tensión de máxima potencia) y V_{oc} =49,3 V (tensión de circuito abierto), en condiciones STC, los valores límite son los siguientes:

Modo MPPT, Tmax=50 °C y Tmin = -3 °C, (Valencia, pliego de condiciones térmicas IDAE):

$$V_{mpmin} (50°C) = 41,50 + 41,50 \times (50 - 25) \times \frac{-0,271}{100} = 38,69 \text{ V}$$

$$V_{mpmax} (-3°C) = 41,50 + 41,50 \times (-3 - 25) \times \frac{-0,271}{100} = 44,65 \text{ V}$$

Modo circuito abierto, Tmax=50 °C y Tmin = -3 °C, (Valencia, pliego de condiciones térmicas IDAE):

$$V_{ocmin} (50°C) = 49,30 + 49,30 \times (50 - 25) \times \frac{-0,271}{100} = 45,96 \text{ V}$$

$$V_{ocmax} (-3°C) = 49,30 + 49,30 \times (-3 - 25) \times \frac{-0,271}{100} = 53,04 \text{ V}$$

Como el rango de funcionamiento normal del inversor Fronius está comprendido entre 150 y 1.000 V y, en modo MPPT entre 163 y 800 V, el número de módulos a conectar en serie deberá estar comprendido entre los siguientes valores:

4,21 = 163/38,69 < nº módulos serie < 800/44,65 = 17,92 máx. potencia

3,26 = 150/45,96 < nº módulos serie < 1.000/53.04 = 18,85 cto. abierto

Por tanto, el número de paneles a conectar en serie para que el inversor funcione en su rango de máxima potencia de funcionamiento estará comprendido entre 5 y 17.

Como la potencia pico mínima a instalar es de 5 kWp, y considerando los paneles de 330 Wp, tendremos:

Nº mínimo paneles = 5/0,450 = 11,11 -> 12 paneles

Se elige una configuración de 12 paneles todos ellos en serie, con lo que se garantiza una potencia superior a la mínima exigida y una configuración de paneles conectados en serie que permite que el inversor trabaje en su rango de funcionamiento MPPT.

La intensidad de la corriente varia con la irradiancia y con la temperatura, mediante la siguiente expresión:

$$I_T = I_{STC} \times \frac{G}{G_{STC}} + I_{STC} \times (T - T_{cel}) \times TKI_{sc}$$

Con los siguientes valores máximos para Valencia, en modo MPPT y cortocircuito:

Modo MPPT, Tmax=50 °C y Tmin = -3 °C, (Valencia, pliego de condiciones térmicas IDAE):

$$I_{mpmax} = 10{,}85 + 10{,}85 \times (50 - 25) \times \frac{0{,}049}{100} = 10{,}98 \text{ A } (50°C)$$

Modo cortocircuito, Tmax=50 °C y Tmin = -3 °C, (Valencia, pliego de condiciones térmicas IDAE):

$$I_{scmax} = 11{,}60 + 11{,}60 \times (50 - 25) \times \frac{0{,}049}{100} = 11{,}74 \text{ A } (50°C)$$

inferior a la intensidad máxima del inversor de 16 A en MPPT

I= 1×10,85 = 10,85 A < 16 A máximo del inversor en MPPT

I= 1×11,60 = 11,60 A < 24 A máximo del inversor en cortocircuito

Con esto la potencia de la instalación resulta:

Potencia = 12 x 0,450= 5,40 kWp

El CTE-HE5 (Apartado 3.2.3.2 de su versión inicial de 2006 donde se indicaban criterios generales de cálculo y que han desaparecido de la versión actual) establecía que la potencia *mínima* del inversor ha de ser del 80 % de la potencia pico de la instalación fotovoltaica. Este requisito no resulta exigible en la actualidad.

$$P_{inversor} \geq 0{,}8 \times 5{,}40 = 4{,}32 \text{ kW}$$

Y las tensiones máximas de trabajo, en el punto de máxima potencia y circuito abierto, serán:

$$V_{mp} = 12 \text{ x } 44{,}65 = 535{,}80 \text{ V } (-3 °C)$$

$$V_{oc} = 12 \text{ x } 53{,}04 = 636{,}48 \text{ V } (-3 °C)$$

Comprobándose que no se supera la tensión máxima de entrada en el inversor de 800 V en MPPT y 1.000 V máximo de funcionamiento.

Además, este valor de tensión máxima determinará la tensión nominal de los elementos de protección (fusibles e interruptores automáticos) y resto de equipos (conductores, seccionadores, bases, etc).

La instalación se realizará según el siguiente esquema:

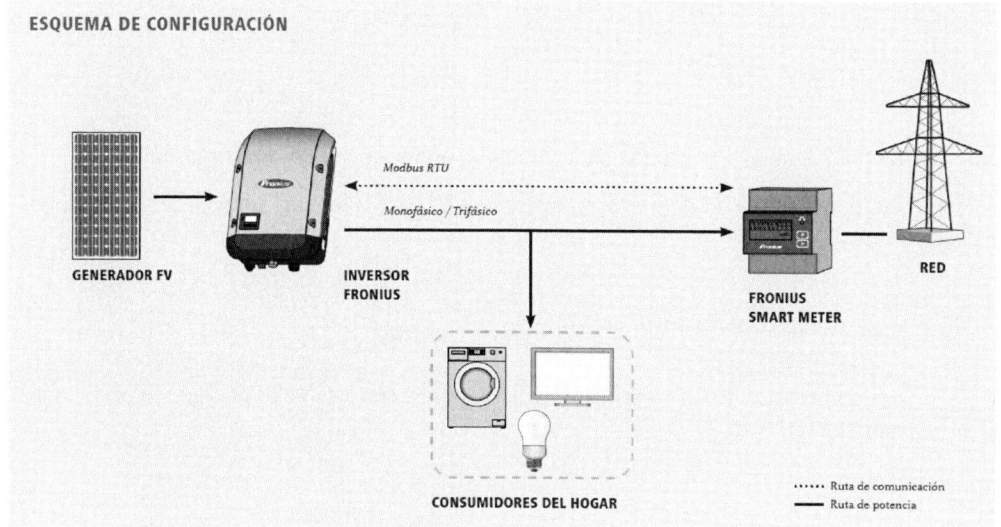

Figura 6. Esquema conexión sin excedentes

7.2. *Cálculo de la producción*

Referencia IDAE

Para calcular la producción energética de la instalación fotovoltaica máxima con orientación sur e inclinación óptima (29,5°), en primer lugar se procede al cálculo de las pérdidas, a saber:

L_{temp} = pérdidas por temperatura (valor de cálculo)

L_{cab} = pérdidas por cableado (valor típico = 1- 0,998)

L_{pol} = pérdidas por polvo (valor típico = 1- 0,97)

L_{dis} = pérdidas por dispersión de parámetros (valor típico = 1- 0,98)

L_{pmo} = pérdidas por errores punto de máxima potencia (valor típico = 1- 0,99)

L_{inv} = pérdidas en el inversor (valor típico = 1- 0,95)

L_{otros} = otras pérdidas (valor típico = 1- 0,98)

El rendimiento del inversor viene reflejado en la siguiente tabla:

Tabla 6. Rendimiento del inveror Fronius

RENDIMIENTO	SYMO 5.0-3-M	SYMO 6.0-3-M	SYMO 7.0-3-M	SYMO 8.2-3-M
Máximo rendimiento		98,0 %		
Rendimiento europeo (ηEU)	97,3 %	97,5 %	97,6 %	97,7 %
η con 5 % Pac,r [1]	84,9 / 91,2 / 85,9 %	87,8 / 92,6 / 87,8 %	88,7 / 93,1 / 89,0 %	89,8 / 93,8 / 90,6 %
η con 10 % Pac,r [1]	89,9 / 94,6 / 91,7 %	91,3 / 95,6 / 93,0 %	92,0 / 95,9 / 94,7 %	92,8 / 96,1 / 94,5 %
η con 20 % Pac,r [1]	93,2 / 96,7 / 95,4 %	94,1 / 97,1 / 95,9 %	94,5 / 97,3 / 96,3 %	95,0 / 97,6 / 96,6 %
η con 25 % Pac,r [1]	93,9 / 97,2 / 96,0 %	94,7 / 97,5 / 96,5 %	95,1 / 97,6 / 96,7 %	95,5 / 97,7 / 97,0 %
η con 30 % Pac,r [1]	94,5 / 97,4 / 96,5 %	95,1 / 97,7 / 96,8 %	95,4 / 97,7 / 97,0 %	95,8 / 97,8 / 97,2 %
η con 50 % Pac,r [1]	95,2 / 97,9 / 97,3 %	95,7 / 98,0 / 97,5 %	95,9 / 98,0 / 97,5 %	96,2 / 98,0 / 97,6 %
η con 75 % Pac,r [1]	95,3 / 98,0 / 97,5 %	95,7 / 98,0 / 97,6 %	95,9 / 98,0 / 97,6 %	96,2 / 98,0 / 97,6 %
η con 100 % Pac,r [1]	95,2 / 98,0 / 97,6 %	95,7 / 97,9 / 97,6 %	95,8 / 97,9 / 97,5 %	96,0 / 97,8 / 97,5 %
Rendimiento de adaptación MPP		> 99,9 %		

Se puede observar que el rendimiento en funcionamiento MPPT es casi la unidad, sin embargo, se ha considerado un rendimiento del inversor de 0,95, por ser conservadores.

Las pérdidas por temperatura se calculan a partir de la temperatura de operación de la célula T_C que, a su vez, se obtiene de la temperatura ambiente T_{amb} del emplazamiento durante las horas de sol y de la temperatura normal de operación de la célula (T_{ONC}) que aporta el fabricante, en nuestro caso 45 °C.

$$T_C = T_{amb} + 1000 \times \frac{T_{ONC} - 20}{800}$$

$$L_{temp} = 0,0035 \times (T_C - 25)$$

Para el resto de pérdidas se suelen emplear valores típicos.

Es habitual trabajar con los rendimientos:

$1-L_{temp}$ = rendimiento por temperatura (valor de cálculo)

$1-L_{cab}$ = rendimiento por cableado (valor típico 0,998)

$1-L_{pol}$ = rendimiento por polvo (valor típico = 0,97)

$1-L_{dis}$ = rendimiento por dispersión de parámetros (valor típico = 0,98)

$1-L_{pmp}$ = rendimiento por errores punto de máxima potencia (valor típico = 0,99)

$1-L_{inv}$ = rendimiento en el inversor (valor típico = 0,95)

$1-L_{otros}$ = otros rendimientos (valor típico = 0,98)

El producto de todos los rendimientos aporta el valor del rendimiento global, PR, Performance Ratio.

Tomando como temperaturas del ambiente las correspondientes a Valencia, obtenidas del Pliego IDAE:

Tabla 7. Temperatura ambiente media. Fuente: Pliego IDAE

Temperatura ambiente media durante las horas de sol, en °C. (Fuente: CENSOLAR).

		ENE	FEB	MAR	ABR	MAY	JUN	JUL	AGO	SEP	OCT	NOV	DIC	AÑO
1	ÁLAVA	7	7	11	12	15	19	21	21	19	15	10	7	13,7
2	ALBACETE	6	8	11	13	17	22	26	26	22	16	11	7	15,4
3	ALICANTE	13	14	16	18	21	25	28	28	26	21	17	14	20,1
4	ALMERÍA	15	15	16	18	21	24	27	28	26	22	18	16	20,5
5	ASTURIAS	9	10	11	12	15	18	20	20	19	16	12	10	14,3
6	ÁVILA	4	5	8	11	14	18	22	22	18	13	8	5	12,3
7	BADAJOZ	11	12	15	17	20	25	28	28	25	20	15	11	18,9
8	BALEARES	12	13	14	17	19	23	26	27	25	20	16	14	18,8
9	BARCELONA	11	12	14	17	20	24	26	26	24	20	16	12	18,5
10	BURGOS	5	6	9	11	14	18	21	21	18	13	9	5	12,5
11	CÁCERES	10	11	14	16	19	25	28	28	25	19	14	10	18,3
12	CÁDIZ	13	15	17	19	21	24	27	27	25	22	18	15	20,3
13	CANTABRIA	11	11	14	14	16	19	21	21	20	17	14	12	15,8
14	CASTELLÓN	13	13	15	17	20	24	26	27	25	21	16	13	19,2
15	CEUTA	15	15	16	17	19	23	25	26	24	21	18	16	19,6
16	CIUDAD REAL	7	9	12	15	18	23	28	27	20	17	11	8	16,3
17	CÓRDOBA	11	13	16	18	21	26	30	30	26	21	16	12	20
18	LA CORUÑA	12	12	14	14	16	19	20	21	20	17	14	12	15,9
19	CUENCA	5	6	9	12	15	20	24	23	20	14	9	6	13,6
20	GERONA	9	10	13	15	19	23	26	25	23	18	13	10	17
21	GRANADA	9	10	13	16	18	24	27	27	24	18	13	9	17,3
22	GUADALAJARA	7	8	12	14	18	22	26	26	22	16	10	8	15,8
23	GUIPÚZCOA	10	10	13	14	16	19	21	21	20	17	13	10	15,3
24	HUELVA	13	14	16	20	21	24	27	27	25	21	17	14	19,9
25	HUESCA	7	8	12	15	18	22	25	25	21	16	11	7	15,6
26	JAÉN	11	11	14	17	21	26	30	29	25	19	15	10	19
27	LEÓN	5	6	10	12	15	19	22	22	19	14	9	6	13,3
28	LÉRIDA	7	10	14	15	21	24	27	27	23	18	11	8	17,1
29	LUGO	8	9	11	13	15	18	20	21	19	15	11	8	14
30	MADRID	6	8	11	13	18	23	28	26	21	15	11	7	15,6
31	MÁLAGA	15	15	17	19	21	25	27	28	26	22	18	15	20,7
32	MELILLA	15	15	16	18	21	25	27	28	26	22	18	16	20,6
33	MURCIA	12	12	15	17	21	25	28	28	25	20	16	12	19,3
34	NAVARRA	7	7	11	13	16	20	22	23	20	15	10	8	14,3
35	ORENSE	9	9	13	15	18	21	24	23	21	16	12	9	15,8
36	PALENCIA	5	7	10	13	16	20	23	23	20	14	9	6	13,8
37	LAS PALMAS	20	20	21	22	23	24	25	20	26	25	23	21	22,5
38	PONTEVEDRA	11	12	14	16	18	20	22	23	20	17	14	12	16,6
39	LA RIOJA	7	9	12	14	17	21	24	24	21	16	11	8	15,3
40	SALAMANCA	6	7	10	13	16	20	24	23	20	14	9	6	14
41	STA. C. DE TENERIFE	19	20	20	21	22	24	26	27	26	25	23	20	22,8
42	SEGOVIA	4	6	10	12	15	20	24	23	20	14	9	5	13,5
43	SEVILLA	11	13	14	17	21	25	29	29	24	20	16	12	19,3
44	SORIA	4	6	9	11	14	19	22	22	18	13	8	5	12,6
45	TARRAGONA	11	12	14	16	19	22	25	26	23	20	15	12	17,9
46	TERUEL	5	6	9	12	16	20	23	24	19	14	9	6	13,6
47	TOLEDO	8	9	13	15	19	24	28	27	23	17	12	8	16,9
48	VALENCIA	12	13	15	17	20	23	26	27	24	20	16	13	18,8
49	VALLADOLID	4	6	9	12	17	21	24	23	18	13	8	4	13,3
50	VIZCAYA	10	11	12	13	16	20	22	22	20	16	13	10	15,4
51	ZAMORA	6	7	11	13	16	21	24	23	20	15	10	6	14,3
52	ZARAGOZA	8	10	13	16	19	23	26	26	23	17	12	9	16,8

Resultan los siguientes valores de rendimientos:

Tabla 8. Rendimientos en paneles fotovoltaicos

Mes	T_{amb}	T_c	1- L_{temp}	1- L_{cab}	1- L_{pol}	1-L_{dis}	1-L_{pmp}	1-L_{inv}	1-L_{otros}	PR
Enero	12	43,25	0,936	0,998	0,970	0,980	0,990	0,950	0,980	0,818
Febrero	13	44,25	0,933	0,998	0,970	0,980	0,990	0,950	0,980	0,816
Marzo	15	46,25	0,926	0,998	0,970	0,980	0,990	0,950	0,980	0,810
Abril	17	48,25	0,919	0,998	0,970	0,980	0,990	0,950	0,980	0,804
Mayo	20	51,25	0,908	0,998	0,970	0,980	0,990	0,950	0,980	0,794
Junio	23	54,25	0,898	0,998	0,970	0,980	0,990	0,950	0,980	0,785
Julio	26	57,25	0,887	0,998	0,970	0,980	0,990	0,950	0,980	0,776
Agosto	27	58,25	0,884	0,998	0,970	0,980	0,990	0,950	0,980	0,773
Septiembre	24	55,25	0,894	0,998	0,970	0,980	0,990	0,950	0,980	0,782
Octubre	20	51,25	0,908	0,998	0,970	0,980	0,990	0,950	0,980	0,794
Noviembre	16	47,25	0,922	0,998	0,970	0,980	0,990	0,950	0,980	0,806
Diciembre	13	44,25	0,933	0,998	0,970	0,980	0,990	0,950	0,980	0,816
Anual	**18,8**									

Y la generación a partir de las pérdidas y de la radiación por m² para Paterna, con orientación sur e inclinación 30, partiendo de los datos de radiación del Pliego del IDAE resulta:

Tabla 9. Cálculo irradiación anual. Fuente: elaboración propia

	G(λ,0) Superficie horizontal		Nº días (N)	λ= 39° N β=30° Factor correccion	G(λ,β) Superficie inclinada		Orientación e inclinación óptimas	
Irradiación solar	MJ/m² y día	kWh/m² y día			MJ/m² y día	kWh/m² y día	PR	Ep (KWh/mes)
Enero	7,60	2,11	31	1,33	10,11	2,81	0,818	423,26
Febrero	10,60	2,94	28	1,25	13,25	3,68	0,816	499,44
Marzo	14,90	4,14	31	1,16	17,28	4,8	0,810	715,94
Abril	18,10	5,03	30	1,07	19,37	5,38	0,804	770,81
Mayo	20,60	5,72	31	1,00	20,6	5,72	0,794	836,30
Junio	22,80	6,33	30	0,97	22,12	6,14	0,785	858,91
Julio	23,80	6,61	31	1,00	23,8	6,61	0,776	944,52
Agosto	20,70	5,75	31	1,08	22,36	6,21	0,773	883,93
Septiembre	16,70	4,64	30	1,19	19,87	5,52	0,782	769,23
Octubre	12,00	3,33	31	1,33	15,96	4,43	0,794	647,70
Noviembre	8,70	2,42	30	1,41	12,27	3,41	0,806	489,78
Diciembre	6,60	1,83	31	1,40	9,24	2,56	0,816	384,66
Anual	15,30	4,25	365		17,2	57,27		8224,48
							Horas equivalentes	1384,59

Donde para cada mes Ep se obtiene de la siguiente expresión:

$$Ep = \frac{P_p \times G\,(\lambda, \beta) \times N \times PR}{G_{CEM}}$$

Donde:

E_p es la producción en kWh en el mes considerado

P_p =potencia pico de la instalación (5,40 kWp)

G(λ,β) es la irradiación recibida en kWh/día y m² en el mes considerado

N es el número de días del mes considerado y

PR en la eficiencia del panel o rendimiento (Performance Ratio)

G_{CEM} es la irradiancia en CEM (1000 W/m²)

Así, por ejemplo, para el mes de enero resulta una producción de:

$$Ep = \frac{5{,}40 \times 2{,}81 \times 31 \times 0{,}818}{1} = 470{,}39 \text{ kWh}$$

Se procede de esta forma debido a que los valores de irradiación de las tablas del Pliego del IDAE son obtenidas a partir de una irradiancia solar de 1.000 W/m².

Este concepto se ve claramente si se indican las unidades en la expresión de Ep

$$Ep = P\left(\frac{kW}{1 \times kW/m^2}\right) \times G\left(\frac{kWh}{m^2 d\'ia}\right) \times N\,(d\'ias) \times PR\,(adm) = kWh \text{ en el mes}$$

Sumando la producción de cada mes se obtiene la producción anual

Producción anual = 7.476,79 kWh al año

Emplazamiento. Pérdidas por orientación

En este momento del estudio ya se conoce que se pretende instalar un total de 18 módulos. Ahora hay que estudiar dónde y cómo colocarlos considerando los condicionantes de la edificación existente o el terreno disponible.

Figura 7. Ubicación módulos fotovoltaicos

Figura 8. Ubicación módulos fotovoltaicos

Se puede observar de la fotografía que las instalaciones deportivas cuentan con una edificación con una cubierta inclinada con orientación 30° sur-oeste. Además, la inclinación de la cubierta es de 30°.

En el caso de colocarse los módulos solares superpuestos a esta cubierta la producción se reduciría ligeramente.

Para el cálculo de la producción anual considerando las pérdidas por orientación se utilizan las figuras del Pliego del IDAE.

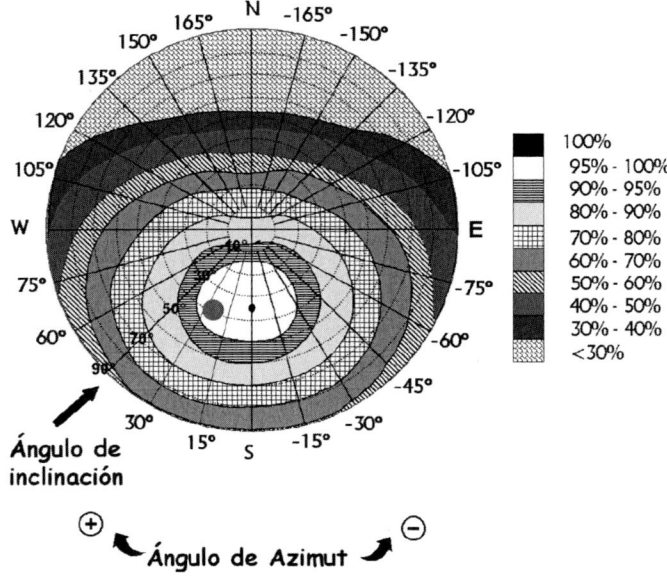

Figura 9. Cálculo de pérdidas por orientación

En el grafico se observa que para un azimut de 30° oeste (+30) y una inclinación de 30° de la cubierta, la reducción de radiación está comprendida entre 95 y 100%, por lo que se puede considerar una reducción del 5%.

Esto traducido a producción anual supone que la producción con el azimut y inclinación de la cubierta existente es:

Producción anual IDAE (z=+0, ϕ= 30%)= 7.476,79 kWh

Producción anual IDAE (z=+30, ϕ= 30%)= 7.476,79 x0,95=7.102,95 kWh

La producción por meses se refleja en la Tabla 10.

Tabla 10. Producción instalación sin excedentes

Irradiación solar	G(λ,0) Superficie horizontal		Nº días (N)	λ= 39° N β=30° Factor corrección	G(λ,β) Superficie inclinada		Orientación e inclinación óptimas		Superposición sobre cubierta existente	
	MJ/m² y día	kWh/m² y día			MJ/m² y día	kWh/m² y día	PR	Ep (KWh/mes)	Pérdidas	Ep (KWh/mes)
Enero	7,60	2,11	31	1,33	10,11	2,81	0,818	384,78	0,95	365,54
Febrero	10,60	2,94	28	1,25	13,25	3,68	0,816	454,04	0,95	431,34
Marzo	14,90	4,14	31	1,16	17,28	4,8	0,810	650,85	0,95	618,31
Abril	18,10	5,03	30	1,07	19,37	5,38	0,804	700,73	0,95	665,69
Mayo	20,60	5,72	31	1,00	20,6	5,72	0,794	760,28	0,95	722,27
Junio	22,80	6,33	30	0,97	22,12	6,14	0,785	780,82	0,95	741,78
Julio	23,80	6,61	31	1,00	23,8	6,61	0,776	858,65	0,95	815,72
Agosto	20,70	5,75	31	1,08	22,36	6,21	0,773	803,58	0,95	763,40
Septiembre	16,70	4,64	30	1,19	19,87	5,52	0,782	699,30	0,95	664,34
Octubre	12,00	3,33	31	1,33	15,96	4,43	0,794	588,82	0,95	559,38
Noviembre	8,70	2,42	30	1,41	12,27	3,41	0,806	445,25	0,95	422,99
Diciembre	6,60	1,83	31	1,40	9,24	2,56	0,816	349,69	0,95	332,21
Anual	15,30	4,25	365		17,2	57,27		7476,79		7102,95
						Horas equivalentes		1384,59		1315,36

Las pérdidas del sistema son el producto de PR por las pérdidas por orientación.

Colocando valores de PR=1 y sin considerar pérdidas por orientación se obtiene:

Tabla 11. Producción instalación sin excedentes con pérdidas por PR y orientación

Irradiación solar	G(λ,0) Superficie horizontal		Nº días (N)	λ= 39° N β=30° Factor corrección	G(λ,β) Superficie inclinada		Orientación e inclinación óptimas		Superposición sobre cubierta existente	
	MJ/m² y día	kWh/m² y día			MJ/m² y día	kWh/m² y día	PR	Ep (KWh/mes)	Pérdidas	Ep (KWh/mes)
Enero	7,60	2,11	31	1,33	10,11	2,81	1,000	470,39	1	470,39
Febrero	10,60	2,94	28	1,25	13,25	3,68	1,000	556,42	1	556,42
Marzo	14,90	4,14	31	1,16	17,28	4,8	1,000	803,52	1	803,52
Abril	18,10	5,03	30	1,07	19,37	5,38	1,000	871,56	1	871,56
Mayo	20,60	5,72	31	1,00	20,6	5,72	1,000	957,53	1	957,53
Junio	22,80	6,33	30	0,97	22,12	6,14	1,000	994,68	1	994,68
Julio	23,80	6,61	31	1,00	23,8	6,61	1,000	1106,51	1	1106,51
Agosto	20,70	5,75	31	1,08	22,36	6,21	1,000	1039,55	1	1039,55
Septiembre	16,70	4,64	30	1,19	19,87	5,52	1,000	894,24	1	894,24
Octubre	12,00	3,33	31	1,33	15,96	4,43	1,000	741,58	1	741,58
Noviembre	8,70	2,42	30	1,41	12,27	3,41	1,000	552,42	1	552,42
Diciembre	6,60	1,83	31	1,40	9,24	2,56	1,000	428,54	1	428,54
Anual	15,30	4,25	365		17,2	57,27		9416,94		9416,94
						Horas equivalentes		1743,88		1743,88

La producción anual sin pérdidas es de 10.358,65 KWh, con lo que se puede obtener el rendimiento global de la instalación:

$$\eta = \frac{7.102,95}{9.416,94} \times 100 = 75,43\%$$

Y las pérdidas totales

Pérdidas (%) = 100-75,43% = 24,57%

También se pueden obtener fácilmente las pérdidas sin considerar la orientación, que será necesario utilizar para el cálculo con referencia PVGIS.

Tabla 12. Producción instalación sin excedentes con pérdidas por PR y sin pérdidas por orientación

Irradiación solar	G(λ,0) Superficie horizontal		Nº días (N)	λ= 39° N β=30° Factor corrección	G(λ,β) Superficie inclinada		Orientación e inclinación óptimas		Superposición sobre cubierta existente	
	MJ/m² y día	kWh/m² y día			MJ/m² y día	kWh/m² y día	PR	Ep (KWh/mes)	Pérdidas	Ep (KWh/mes)
Enero	7,60	2,11	31	1,33	10,11	2,81	0,818	384,78	1	384,78
Febrero	10,60	2,94	28	1,25	13,25	3,68	0,816	454,04	1	454,04
Marzo	14,90	4,14	31	1,16	17,28	4,8	0,810	650,85	1	650,85
Abril	18,10	5,03	30	1,07	19,37	5,38	0,804	700,73	1	700,73
Mayo	20,60	5,72	31	1,00	20,6	5,72	0,794	760,28	1	760,28
Junio	22,80	6,33	30	0,97	22,12	6,14	0,785	780,82	1	780,82
Julio	23,80	6,61	31	1,00	23,8	6,61	0,776	858,65	1	858,65
Agosto	20,70	5,75	31	1,08	22,36	6,21	0,773	803,58	1	803,58
Septiembre	16,70	4,64	30	1,19	19,87	5,52	0,782	699,30	1	699,30
Octubre	12,00	3,33	31	1,33	15,96	4,43	0,794	588,82	1	588,82
Noviembre	8,70	2,42	30	1,41	12,27	3,41	0,806	445,25	1	445,25
Diciembre	6,60	1,83	31	1,40	9,24	2,56	0,816	349,69	1	349,69
Anual	15,30	4,25	365		17,2	57,27		7476,79		7476,79
							Horas equivalentes	1384,59		1384,59

La producción anual sin pérdidas por orientación es de 8.224,48 KWh, con lo que se puede obtener el rendimiento global de la instalación:

$$\eta = \frac{7.476,79}{9.416,94} \times 100 = 79,40\%$$

Y las pérdidas totales sin considerar la orientación:

Pérdidas PR (%) = 100-79,40% = 20,60%

Otra forma, genérica, de obtener las pérdidas por inclinación y orientación es el empleo de la siguiente expresión que aporta el pliego IDAE de instalaciones fotovoltaicas.

Pérdidas (%)= $100 \times (1,2 \times 10^{-4} \times (\beta - \lambda + 10)^2 + 3,5 \times 10^{-5} \times \theta^2)$ para $\beta \leq 15°$

Pérdidas (%)= $100 \times (1,2 \times 10^{-4} \times (\beta - \lambda + 10)^2$ para $15 < \beta < 90°$

Con:

β = inclinación

λ = latitud

θ =azimut (oeste +, este -)

En el caso estudiado las pérdidas por inclinación y orientación son:

Pérdidas (%)= $100 \times (1,2 \times 10^{-4} \times (30 - 39,5 + 10)^2 + 3,5 \times 10^{-5} \times 30^2) = 3,15\%$

Valor próximo al tomado del gráfico 5%.

Emplazamiento. Pérdidas por sombras

En el caso concreto estudiado se ha buscado un emplazamiento sin sombras. En el caso de que la instalación esté situada en una ubicación en la que se produzcan sombras se deberá disminuir la producción en un porcentaje cuyo cálculo viene establecido en el Pliego de Condiciones Técnicas de IDAE, que consiste en la comparación del perfil de obstáculos que afecta a la superficie de estudio con el diagrama de trayectorias solar.

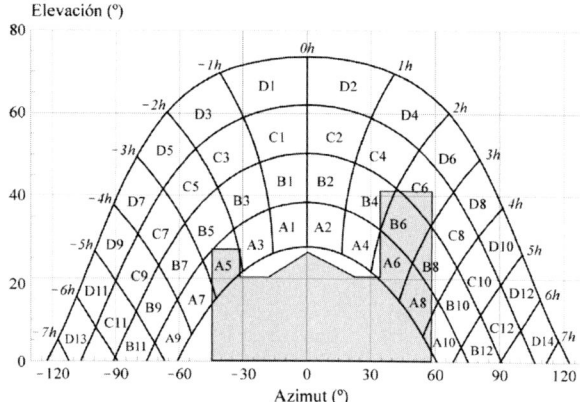

Figura 10. Pérdidas por sombras

Referencia PVGIS

Otra fuente de datos de radiación solar muy utilizada es el PVGIS que ofrece datos en cualquier parte del mundo.

Situando el cursor sobre la ubicación del proyecto e introduciendo la potencia de la instalación 5,40 kWp, la inclinación 30° y el azimut de 30° al que obliga la disposición de la cubierta e indicando un porcentaje de pérdidas del 20,6%, puesto que ya se introduce la orientación, se obtiene:

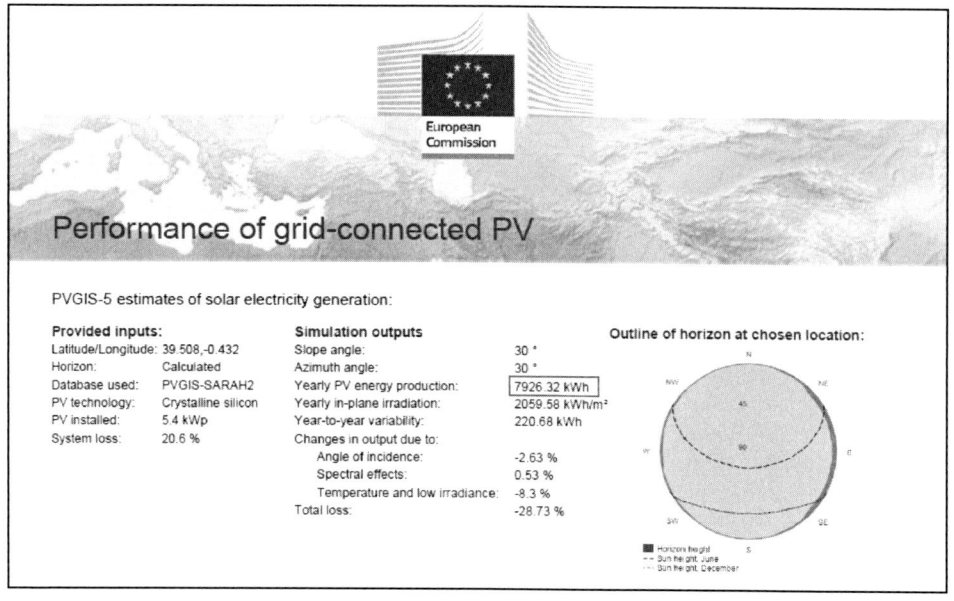

(Figura 11, continúa en la página siguiente)

(Figura 11, continúa de la página anterior)

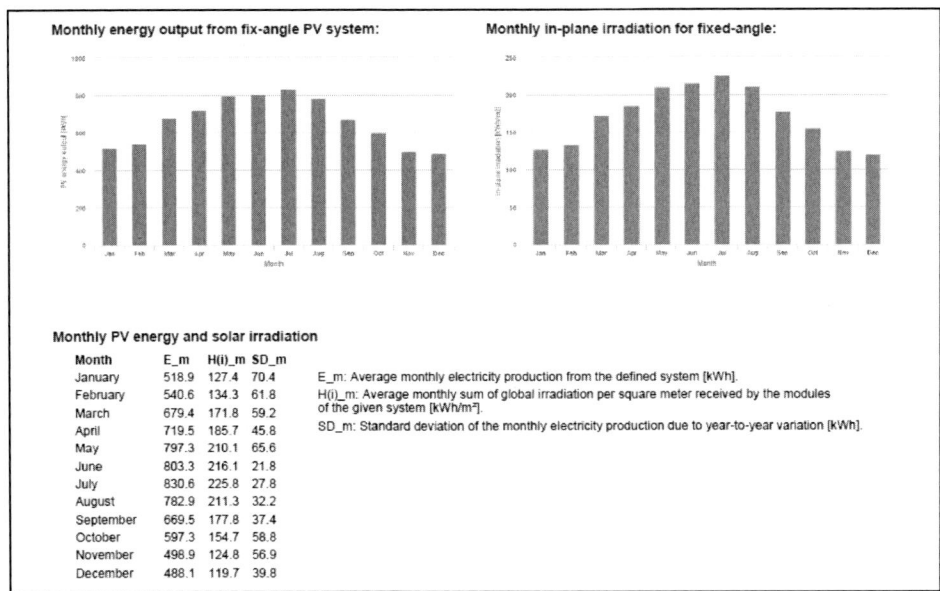

Figura 11. Informe producción PVGIS sin excedentes

La producción según la fuente PV-GIS es algo superior a la obtenida mediante el empleo de la metodología del Pliego IDAE.

Producción anual PVGIS (z=+30, ϕ= 30%)= 7.926,32 kWh

Producción anual IDAE (z=+30, ϕ= 30%)= 7.813,26 kWh

La diferencia entre ambas fuentes de información es, prescindiendo de los decimales:

Producción PVGIS-Producción IDAE= 7.926,32 – 7.813,26 = 113,06 kWh

Y el error relativo es:

$$\text{Error} = \frac{113,06}{7.926,32} \times 100 = 1,43\ \% \text{ (referencia PVGIS)}$$

$$\text{Error} = \frac{113,06}{7.926,32} \times 100 = 1,43\ \% \text{ (referencia PVGIS)}$$

Este error es suficientemente pequeño y asumible para continuar con el estudio. Por ser conservadores se toma el valor inferior de producción anual esperada, que se corresponde con el aportado por la metodología IDAE.

Producción anual a considerar (z=+30, ϕ= 30%)= 7.813,26 kWh

7.3. *Análisis de la factura tras la instalación*

Ahora queda cuantificar o estimar en qué periodos del día y en qué cantidad se reduce el consumo, puesto que se dispone de una tarifa 3.0 TD con seis periodos.

Los periodos horarios vienen determinados en el Artículo 7 de la Circular 3/2020, de 15 de enero, de la Comisión Nacional de los Mercados y la Competencia, por la que se establece la metodología para el cálculo de los peajes de transporte y distribución de electricidad. Para la zona de Valencia (zona 1) son los siguientes:

Tabla 13. Periodos horarios tarifa 3.0 TD. Fuente: Circular 3/2020 CNMC

Periodo horario	Tipo de día				
	Tipo A	Tipo B	Tipo B1	Tipo C	Tipo D
P1	De 9 h a 14 h De 18 h a 22 h	–	–	–	–
P2	De 8 h a 9 h De 14 h a 18 h De 22 h a 0 h	De 9 h a 14 h De 18 h a 22 h	–	–	–
P3	–	De 8 h a 9 h De 14 h a 18 h De 22 h a 0 h	De 9 h a 14 h De 18 h a 22 h	–	–
P4	–	–	De 8 h a 9 h De 14 h a 18 h De 22 h a 0 h	De 9 h a 14 h De 18 h a 22 h	–
P5	–	–	–	De 8 h a 9 h De 14 h a 18 h De 22 h a 0 h	–
P6	De 0 h a 8 h	De 0 h a 8 h	De 0 h a 8 h	De 0 h a 8 h	Todas las horas del día.

Con la siguiente clasificación por temporadas, para Valencia (Península):

Temporada alta: enero, febrero, julio, diciembre

Temporada media alta: marzo y noviembre

Temporada media: junio, agosto y septiembre

Temporada baja: abril, mayo y octubre

Con los siguientes tipos de días:

Tipo A: de lunes a viernes no festivos de temporada alta

Tipo B: de lunes a viernes no festivos de temporada media alta

Tipo B1: de lunes a viernes no festivos de temporada media

Tipo C: de lunes a viernes no festivos de temporada baja

Tipo D: sábados, domingos, festivos y 6 de enero

Para facilitar la comprensión de estos horarios se puede observar que mantienen la estructura punta, llano y valle, con la siguiente clasificación:

Tipo A: P1 punta, P2 llano, P6 valle

Tipo B: P2 punta, P3 llano, P6 valle

Tipo B1: P3 punta, P4 llano, P6 valle

Tipo C: P4 punta, P5 llano, P6 valle

Tipo D: P6 valle

Mejorando el formato para facilitar su lectura, la tabla queda para las cuatro temporadas:

Tabla 14. Horarios Valencia tarifa 3.0 TD

Hora	1 0-1	2 1-2	3 2-3	4 3-4	5 4-5	6 5-6	7 6-7	8 7-8	9 8-9	10 9-10	11 10-11	12 11-12	13 12-13	14 13-14	15 14-15	16 15-16	17 16-17	18 17-18	19 18-19	20 19-20	21 20-21	22 21-22	23 22-23	24 23-24	Temporada
Enero	P6	P6	P6	P6	P6	P6	P6	P6	P2	P1	P1	P1	P1	P1	P2	P2	P2	P2	P1	P1	P1	P1	P2	P2	alta
Febero	P6	P6	P6	P6	P6	P6	P6	P6	P2	P1	P1	P1	P1	P1	P2	P2	P2	P2	P1	P1	P1	P1	P2	P2	alta
Marzo	P6	P6	P6	P6	P6	P6	P6	P6	P3	P2	P2	P2	P2	P2	P3	P3	P3	P3	P1	P1	P1	P1	P3	P3	media alta
Abril	P6	P6	P6	P6	P6	P6	P6	P6	P5	P4	P4	P4	P4	P4	P5	P5	P5	P5	P4	P4	P4	P4	P5	P5	baja
Mayo	P6	P6	P6	P6	P6	P6	P6	P6	P5	P4	P4	P4	P4	P4	P5	P5	P5	P5	P4	P4	P4	P4	P5	P5	baja
Junio	P6	P6	P6	P6	P6	P6	P6	P6	P4	P3	P3	P3	P3	P3	P4	P4	P4	P4	P3	P3	P3	P3	P4	P4	media
Julio	P6	P6	P6	P6	P6	P6	P6	P6	P2	P1	P1	P1	P1	P1	P2	P2	P2	P2	P1	P1	P1	P1	P2	P2	alta
Agosto	P6	P6	P6	P6	P6	P6	P6	P6	P4	P3	P3	P3	P3	P3	P4	P4	P4	P4	P3	P3	P3	P3	P4	P4	media
Septiembre	P6	P6	P6	P6	P6	P6	P6	P6	P4	P3	P3	P3	P3	P3	P4	P4	P4	P4	P3	P3	P3	P3	P4	P4	media
Octubre	P6	P6	P6	P6	P6	P6	P6	P6	P5	P4	P4	P4	P4	P4	P5	P5	P5	P5	P4	P4	P4	P4	P5	P5	baja
Noviembre	P6	P6	P6	P6	P6	P6	P6	P6	P3	P2	P2	P2	P2	P2	P3	P3	P3	P3	P1	P1	P1	P1	P3	P3	media alta
Diciembre	P6	P6	P6	P6	P6	P6	P6	P6	P2	P1	P1	P1	P1	P1	P2	P2	P2	P2	P1	P1	P1	P1	P2	P2	alta

Sin considerar los fines de semana que es periodo valle P6.

Se observa que la instalación de generación producirá energía tan sólo en los periodos punta (P1, P2, P3 y P4 según temporada), llano (P2;P3, P4 y P5 según temporada) y valle P6 los fines de semana, que presentan horarios que intersectan con las horas de radiación solar, tanto en invierno como en verano.

En una primera aproximación y para tener un orden de magnitud de la viabilidad económica de la inversión se supone que la reducción del consumo se produce íntegramente en el periodo punta (P1, P2, P3 y P4 según temporada) de precios más elevados (según facturas 0,247399).

Para esto se debe obtener primero la cantidad de energía producida en el periodo correspondiente de facturación, prestando especial cuidado cuando el periodo de facturación no coincide con el periodo mensual en cuyo caso se debe obtener la cantidad de energía en el periodo multiplicando la energía diaria generada en el mes correspondiente por los días del periodo de facturación. En el caso estudiado coinciden los periodos facturados con los meses naturales.

Tras la reducción del consumo de energía procedente de la red como consecuencia de la generación propia y suponiéndola concentrada en el periodo punta (P1, P2, P3 y P4 según temporada), el gasto en el mes de enero queda como se muestra en la Tabla 15.

Salvador Cucó Pardillos

Tabla 15. Factura de enero después de la instalación sin excedentes aplicado a punta (P1, P2, P3 y P4)

FACTURA ENERO 2022					
Dias		31/12/2021	31/01/2022	31	
Término de potencia		Maximetro	A facturar	Precio (€/kW,d)	Total €
P1	20		32,00	0,048184	47,8
P2	24		32,00	0,035388	35,1
P3			32,00	0,017152	17,01
P4			32,00	0,014592	14,48
P5			32,00	0,009736	9,66
P6	21		32,00	0,006221	6,17
Término de energía activa	6826,29				
P1			1612,00	0,247399	398,81
P1 generación			-384,71	0,247399	-95,18
P2			1389,00	0,232049	322,32
P2 generación			0,00	0,232049	0,00
P3					
P4					
P5					
P6			4210,00	0,185035	779,00
P6 generación			0,00	0,185035	0,00
Término de energía reactiva					
Energía reactiva			0,00		0
Descuento sobre consumo			1404,95	-0,05	-70,25
Impuesto de electricidad			1464,92	0,005	7,32
Alquiler equipos medida y control		0			0

Base imponible	1472,24
IVA 21%	309,17
Total factura	1781,41

Y el gasto anual:

Tabla 16. Factura después de la instalación sin excedentes aplicado a periodo punta

			CONSUMO (kWh)							GASTO (€)					
MES factura	Desde	Hasta	P1	P2	P3	P4	P5	P6	Suma	Potencia	Energía	Otros	Base	IVA	Total
Enero 2022	31/12/2021	31/01/2022	1.227,29	1.389,00	0,00	0,00	0,00	4.210,00	6.826,29	130,22	1404,95	-62,93	1472,24	309,17	1.781,41
Febrero 2022	31/01/2022	28/02/2022	1.104,84	1.322,00	0,00	0,00	0,00	3.554,00	5.980,84	117,61	1237,72	-55,42	1299,91	272,98	1.572,89
Marzo 2022	28/02/2022	31/03/2022	0,00	1.169,00	0,00	0,00	0,00	3.242,00	4.411,00	129,68	1137,84	-50,84	1216,68	255,5	1.472,18
Abril 2022	31/03/2022	30/04/2022	0,00	0,00	0,00	567,20	1.518,00	4.035,00	6.120,20	109,84	1132,53	-49,59	1192,78	250,48	1.443,26
Mayo 2022	30/04/2022	31/05/2022	0,00	0,00	0,00	742,57	1.819,00	4.635,00	7.196,57	113,5	1332,47	-58,47	1387,50	291,38	1.678,88
Junio 2022	31/05/2022	30/06/2022	0,00	0,00	2.203,10	2.425,00	0,00	4.849,00	9.477,10	109,84	1805,73	-79,89	1835,68	385,49	2.221,17
Julio 2022	30/06/2022	31/07/2022	2.466,30	2.747,00	0,00	0,00	0,00	5.627,00	10.840,30	113,50	2216,07	-98,56	2231,01	468,51	2.699,52
Agosto 2022	31/07/2022	31/08/2022	0,00	0,00	3.416,52	3.868,93	0,00	7.379,35	14.664,81	113,5	2795,43	-124,78	2784,15	584,67	3.368,82
Septiembre 2022	31/08/2022	30/09/2022	0,00	0,00	3.520,74	3.868,93	0,00	7.379,35	14.769,03	109,84	2816,50	-123,95	2802,39	588,5	3.390,89
Octubre 2022	30/09/2022	31/10/2022	0,00	0,00	0,00	2.348,04	1.229,67	2.980,13	6.557,84	113,5	1229,48	-52,06	1290,92	271,09	1.562,01
Noviembre 2022	31/10/2022	31/11/2022	0,00	1.441,80	774,00	0,00	0,00	1.513,00	3.728,80	109,84	753,55	-27,37	836,02	175,56	1.011,58
Diciembre 2022	30/11/2022	31/12/2022	789,57	565,75	0,00	0,00	0,00	2.960,50	4.315,82	113,5	853,20	136,89	1103,59	231,75	1.335,34
Sumas			5.588,00	8.634,55	9.914,37	13.820,68	4.566,67	52.364,33	94.888,60	1.384,37	18.715,47	-646,97	19.452,87	4.085,08	23.537,95

Siendo el anterior a la instalación

Tabla 17. Factura inicial

			CONSUMO (kWh)							GASTO (€)					
MES factura	Desde	Hasta	P1	P2	P3	P4	P5	P6	Suma	Potencia	Energía	Otros	Base	IVA	Total
Enero 2022	31/12/2021	31/01/2022	1.612,00	1.389,00	0,00	0,00	0,00	4.210,00	7.211,00	130,22	1500,13	-67,23	1563,12	328,26	1.891,38
Febrero 2022	31/01/2022	28/02/2022	1.559,00	1.322,00	0,00	0,00	0,00	3.554,00	6.435,00	117,61	1350,08	-60,5	1407,19	295,51	1.702,70
Marzo 2022	28/02/2022	31/03/2022	0,00	1.799,00	1.098,00	0,00	0,00	3.242,00	6.139,00	129,68	1284,03	-57,45	1356,26	284,82	1.641,08
Abril 2022	31/03/2022	30/04/2022	0,00	0,00	0,00	1.268,00	1.518,00	4.035,00	6.821,00	109,84	1268,01	-55,66	1322,19	277,66	1.599,85
Mayo 2022	30/04/2022	31/05/2022	0,00	0,00	0,00	1.503,00	1.819,00	4.635,00	7.957,00	113,5	1479,47	-65,06	1527,91	320,86	1.848,77
Junio 2022	31/05/2022	30/06/2022	0,00	0,00	2.984,00	2.425,00	0,00	4.849,00	10.258,00	109,84	1963,61	-87,00	1986,45	417,15	2.403,60
Julio 2022	30/06/2022	31/07/2022	3.325,00	2.747,00	0,00	0,00	0,00	5.627,00	11.699,00	113,50	2415,90	-107,61	2421,79	508,58	2.930,37
Agosto 2022	31/07/2022	31/08/2022	0,00	0,00	4.220,04	3.868,93	0,00	7.379,35	15.468,33	113,5	2957,88	-132,13	2939,25	617,24	3.556,49
Septiembre 2022	31/08/2022	30/09/2022	0,00	0,00	4.220,04	3.868,93	0,00	7.379,35	15.468,33	109,84	2957,88	-130,31	2937,41	616,86	3.554,27
Octubre 2022	30/09/2022	31/10/2022	0,00	0,00	0,00	2.936,73	1.229,67	2.980,13	7.146,53	113,5	1343,28	-57,05	1399,73	293,94	1.693,67
Noviembre 2022	31/10/2022	31/11/2022	0,00	1.887,00	774,00	0,00	0,00	1.513,00	4.174,00	109,84	852,02	-31,21	930,65	195,44	1.126,09
Diciembre 2022	30/11/2022	31/12/2022	1.139,25	565,75	0,00	0,00	0,00	2.960,50	4.665,50	113,5	934,57	135,66	1183,73	248,58	1.432,31
Sumas			7.635,25	9.709,75	13.296,09	15.870,60	4.566,67	52.364,33	103.442,69	1.384,37	20.306,86	-715,55	20.975,68	4.404,90	25.380,58

Con lo que se ha pasado de:

Antes: 20.306,86 € + iva = 25.380,58 €

Después: 19.452,87 € + iva= 23.537,95 €

Ahorro = 1.522,81+iva = 1.842,63 €/año

Considerando una generación en el periodo llano, el ahorro es.

Tabla 18. Factura enero después de la instalación sin excedentes aplicado a periodo llano

FACTURA ENERO 2022				
Dias	**31/12/2021**	**31/01/2022**	**31**	
Término de potencia	*Maximetro*	*A facturar*	Precio (€/kW,d)	Total €
P1	20	32,00	0,048184	47,8
P2	24	32,00	0,035388	35,1
P3		32,00	0,017152	17,01
P4		32,00	0,014592	14,48
P5		32,00	0,009736	9,66
P6	21	32,00	0,006221	6,17
Término de energía activa		6826,29		
P1		1612,00	0,247399	398,81
P1 generación		0,00	0,247399	0,00
P2		1389,00	0,232049	322,32
P2 generación		-384,71	0,232049	-89,27
P3				
P4				
P5				
P6		4210,00	0,185035	779,00
P6 generación		0,00	0,185035	0,00
Término de energía reactiva				
Energía reactiva		0,00		0
Descuento sobre consumo		1410,86	-0,05	-70,54
Impuesto de electricidad		1470,54	0	0
Alquiler equipos medida y control		0		0

Base imponible	1470,54
IVA 21%	308,81
Total factura	**1779,35**

Tabla 19. Factura después de la instalación sin excedentes aplicado a periodo llano

			Factura tras instalación sin excedentes aplicado a periodo llano												
			CONSUMO (kWh)							GASTO (€)					
MES factura	Desde	Hasta	P1	P2	P3	P4	P5	P6	Suma	Potencia	Energía	Otros	Base	IVA	Total
Enero 2022	31/12/2021	31/01/2022	1.612,00	1.004,29	0,00	0,00	0,00	4.210,00	6.826,29	130,22	1410,86	-70,54	1470,54	308,81	1.779,35
Febrero 2022	31/01/2022	28/02/2022	1.559,00	867,84	0,00	0,00	0,00	3.554,00	5.980,84	117,61	1244,69	-62,23	1300,07	273,01	1.573,08
Marzo 2022	28/02/2022	31/03/2022	0,00	1.799,00	468,00	0,00	0,00	3.242,00	5.509,00	126,02	1114,71	-55,74	1184,99	248,85	1.433,84
Abril 2022	31/03/2022	30/04/2022	0,00	0,00	0,00	1.268,00	817,20	4.035,00	6.120,20	109,84	1138,28	-49,87	1198,25	251,63	1.449,88
Mayo 2022	30/04/2022	31/05/2022	0,00	0,00	0,00	1.503,00	1.058,57	4.635,00	7.196,57	113,5	1338,71	-65,99	1386,22	291,11	1.677,33
Junio 2022	31/05/2022	30/06/2022	0,00	0,00	2.984,00	1.644,10	0,00	4.849,00	9.477,10	109,84	1812,65	-89,71	1832,78	384,88	2.217,66
Julio 2022	30/06/2022	31/07/2022	3.325,00	1.888,30	0,00	0,00	0,00	5.627,00	10.840,30	113,50	2225,98	-110,16	2229,32	468,16	2.697,48
Agosto 2022	31/07/2022	31/08/2022	0,00	0,00	4.220,04	3.065,41	0,00	7.379,35	14.664,81	113,5	2802,55	-138,99	2777,06	583,18	3.360,24
Septiembre 2022	31/08/2022	30/09/2022	0,00	0,00	4.220,04	3.169,63	0,00	7.379,35	14.769,03	109,84	2822,69	-139,02	2793,51	586,64	3.380,15
Octubre 2022	30/09/2022	31/10/2022	0,00	0,00	0,00	2.936,73	640,98	2.980,13	6.557,84	113,5	1234,31	-52,31	1295,50	272,06	1.567,56
Noviembre 2022	31/10/2022	30/11/2022	0,00	1.887,00	328,80	0,00	0,00	1.513,00	3.728,80	109,84	762,01	-31,95	839,90	176,38	1.016,28
Diciembre 2022	30/11/2022	31/12/2022	1.139,25	216,07	0,00	0,00	0,00	2.960,50	4.315,82	113,5	857,23	131,20	1101,93	231,41	1.333,34
Sumas			7.635,25	7.662,50	12.220,89	13.586,88	2.516,75	52.364,33	95.986,60	1.380,71	18.764,67	-735,31	19.410,07	4.076,12	23.486,19

Antes: 20.306,86 € + iva = 25.380,58 €

Después: 19.410.07 € + iva= = 23.486,19 €

Ahorro = 1.565,61 +iva = 1.894,39 €/año

Como unas horas se generará en periodo punta (P1, P2, P3 y P4 según temporada) y otras en periodo llano (P2, P3, P4 y P5 según temporada), el ahorro estará comprendido entre 1.842,63€ y 1.894,39 €, iva incluido, valores prácticamente coincidentes.

7.4. Circuito de corriente continua. Cableado y protecciones

El circuito de corriente continua es el que une los paneles solares con el inversor trifásico que suele estar situado en la parte cubierta de la edificación.

Esquema

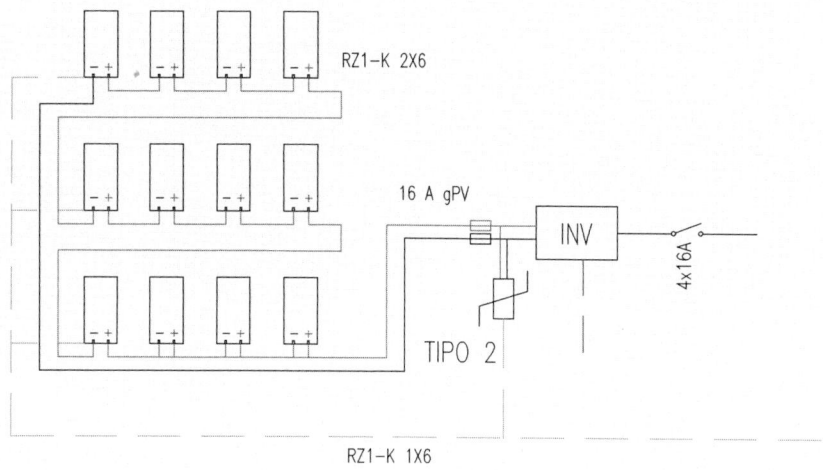

Figura 12. Esquema instalación sin excedentes

A continuación, se expone la determinación de las líneas que unen en serie los módulos fotovoltaicos y termina en el inversor Fronius de 5 kW.

Esta línea presenta una longitud de 25 m desde los paneles hasta el inversor y se suele instalar sin tubo de protección, fijados directamente sobre las estructuras y cerramientos, si bien también puede instalarse bajo tubo.

Según la ITC-BT-20, Apartado 2.2.2, estas instalaciones sin tubo de protección se construyen con cables 0,6/1 kV con cubierta. Además la tensión del sistema es de 636,48 V por lo que se requiere este tipo de conductores.

El módulo ATERSA A-450M aporta una intensidad en el punto de máxima potencia de 10,85 A (condiciones STC).

Como todos los módulos están dispuestos en serie la intensidad de la línea saliente será:

$$I= 1 \times 10,85 = 10,85 \text{ A}$$

Se elige un conductor unipolar de cobre aislado polietileno reticulado (XLPE), RZ1-K, de 6 mm² de sección, a instalar en montaje superficial directamente fijado sin tubo de protección, que presenta una intensidad admisible de 52 A (según Tabla C52, 1 bis de la norma HD60364, método de instalación C), superior a la intensidad nominal de 10,85 A calculada. Se marcará con color rojo el conductor polar y con color negro el compensador.

En el mercado se encuentran cables diseñados para instalaciones fotovoltaicas con la coloración rojo - negro y los fabricantes aportan tablas con las intensidades admisibles. Un conductor muy utilizado es el denominado H1Z2Z2-K con aislamiento y cubierta de goma.

Tabla 20. Intensidades admisibles

Tabla C52,1 bis, HD 60364-5-52:2011																		
Intensidades admisibles en amperios. Temperatura ambiente 40ºC en el aire. Conductores de cobre																		
Método de instalación	Número de conductores cargados y tipo de aislamiento																	
A1		PVC3	PVC2				XLPE3		XLPE2									
A2	PVC3	PVC2		XLPE3	XLPE2													
B1			PVC3		PVC2					XLPE3				XLPE2				
B2		PVC3	PVC2					XLPE3		XLPE2								
C				PVC3				PVC2				XLPE3				XLPE2		
E								PVC3				PVC2		XLPE3		XLPE2		
F										PVC3				PVC2		XLPE3		XLPE2
1	2	3	4	5a	5b	6a	6b	7a	7b	8a	8b	9a	9b	10a	10b	11	12	13
Sección mm² COBRE																		
1,5	11	11,5	12,5	13,5	14	14,5	15,5	16	16,5	17	17,5	19	20	20	20	21	23	–
2,5	15	15,5	17	18	19	20	20	21	22	23	24	26	27	26,5	28	30	32	–
4	20	20	22	24	25	26	28	29	30	31	32	34	36	36	38	40	44	–
6	25	26	29	31	32	34	36	37	39	40	41	44	46	46	49	52	52	–
10	33	36	40	43	45	46	49	52	54	54	57	60	63	65	68	72	78	–
16	45	48	53	59	61	63	66	69	72	73	77	81	85	87	91	97	104	–
25	59	63	69	77	80	82	86	87	91	95	100	103	108	110	115	122	135	146
35	–	–	–	95	100	101	106	109	114	119	124	127	133	137	143	153	168	182
50	–	–	–	116	121	122	128	133	139	145	151	155	162	167	174	188	204	220
70	–	–	–	148	155	155	162	170	178	185	193	199	208	214	223	243	262	282
95	–	–	–	180	188	187	196	207	216	224	234	241	252	259	271	298	320	343
120	–	–	–	207	217	216	226	240	251	260	272	280	293	301	314	350	373	397
150	–	–	–	–	–	247	259	276	289	299	313	322	337	343	359	401	430	458
185	–	–	–	–	–	281	294	314	329	341	356	368	385	391	409	460	493	523
240	–	–	–	–	–	330	345	368	385	401	419	435	455	468	489	545	583	617

Se indican como 3 los circuitos trifásicos y como 2 los monofásicos.

A efecto de las intensidades admisibles los cables con aislamiento termoplástico a base de poliolefina (Z1) son equivalentes a los cables con aislamiento

Las comprobaciones de diseño y protección del circuito, se pueden resumir en las siguientes cuatro condiciones:

1.- Protección del circuito, sobrecargas

Se elige un fusible de 16 A tipo gPV de forma que, además de proteger el conductor, quede protegido el inversor que presenta una intensidad máxima de entrada de 16 A y el módulo fotovoltaico que presenta una intensidad máxima de 20 A.

$$10,85 < I_F = 16 < I_{adm} = \text{protección conductor}$$

$$10,85 < I_F = 16 < I_{inversor} = \text{protección inversor}$$

$$10,85 < I_F = 16 < I_{módulo} = \text{protección módulo fotovoltaico}$$

Es conveniente observar que el conductor no se sobrecargará en ningún caso dado que la intensidad del circuito de 10,85 A es muy inferior a la admisible del conductor, por tanto, el fusible sólo protegerá a la cadena de módulos en caso de alta temperatura ambiente y alta irradiancia.

Dado que la mayor corriente se produce por una conexión accidental con el circuito de alterna, el fusible se colocará junto al inversor, en el origen del circuito, de acuerdo con lo indicado en la ITC-BT-22, Apartado 1b.

Si bien el reglamento no lo exige se recomienda colocar un fusible para el polo positivo y otro para el negativo. Además de la función de protección el fusible también es útil para desconectar toda la serie, si bien, siempre es recomendable la colocación de un interruptor.

2.- Caída de tensión (L=25 m hasta inversores)

Con cable de 6 mm², la caída de tensión para una longitud del circuito de 25 m, desde los módulos, es de:

$$\Delta v(\%) = \frac{2 \times R \times I}{U} \times 100 = 2 \times \frac{L}{S \times C} \times \frac{I}{U} \times 100 = 2 \times \frac{25}{6 \times 56} \times \frac{10,85}{12 \times 41,5} \times 100 = 0,32\% < 1,5\%$$

La caída de tensión admisible para los cables de conexión viene determinada por el Apartado 5 de la ITC-BT-40 y queda establecida en el 1,5%.

3.- Protección contra cortocircuitos

La corriente de cortocircuito esperable en el circuito serie de 12 paneles es la intensidad de cortocircuito indicada por el fabricante del panel fotovoltaico para la temperatura esperable más alta, 50 °C para Valencia, obtenida anteriormente de 11,74 A.

$$I_{scmax} = 11,60 + 11,60 \times (50 - 25) \times \frac{0,049}{100} = 11,74 \text{ A (50°C)}$$

Esta corriente de cortocircuito es inferior a la intensidad máxima admisible por el conductor, 52 A, a la máxima corriente de entrada al inversor de 16 A (si bien ante un cortocircuito no llega intensidad al inversor) y a la máxima corriente que admiten los módulos fotovoltaicos de 20 A, por lo que no se requiere más estudio ni por cortocircuito ni por sobrecarga.

Este fusible solo abrirá si se produce una conexión accidental con el circuito de alterna o ante alguna descarga atmosférica, y protegerá tanto el conductor como el inversor y al módulo fotovoltaico.

4.- Protección contra cortocircuitos (poder de corte P_c)

Se eligen fusibles gPV con un poder de corte de 10 kA, suficiente para proteger el circuito.

$$P_c = 10 \text{ kA} > 11,74 \text{ A} = I_{scmax}$$

5.- Tensión de utilización

Se eligen fusibles gPV de 1.000 V de tensión de utilización, valor superior a la máxima tensión de la instalación 636,48 V (tensión circuito abierto a -3 °C).

$$V_F = 1.000 > 633,48 \text{ V}$$

Compensador

El conductor compensador será igual al polar marcado con color negro.

Conductor de tierra

De acuerdo con lo indicado en el PCTred, Apartado 5.9, todas las masas de la instalación fotovoltaica, tanto de la sección continua como de la alterna, estarán conectadas a una única tierra.

De acuerdo con la Tabla 2 de la ITC-BT-19, el conductor de protección tendrá la misma sección que el conductor de fase, al tener una sección inferior a 16 mm^2.

Tabla 21. Sección conductor de protección

Sección conductores de fase S (mm^2)	Sección conductor protección S_p (mm^2)
S≤16	S_p=S
16<S≤35	S_p=16
S>35	S_p=S/2

Se utilizará un conductor RZ1-K de 6 mm^2 de sección.

Conductor de protección

Se corresponde con el conductor de tierra

Tubo de protección

No se determina al tratarse de montaje superficial fijado directamente sobre la estructura.

Protección contactos directos e indirectos

La protección contra los contactos directos queda cubierta por la utilización de conductores aislados y cajas de conexiones cerradas.

La protección contra los contactos indirectos queda cubierta al utilizarse paneles fotovoltaicos y conductores con aislamiento doble o reforzado, clase II (ver Figura 4), de acuerdo con lo indicado en la Guía-BT-24, Apartado 4.2.

La norma UNE-EN 50618, "Cables eléctricos para sistemas fotovoltaicos", indica que estos cables son adecuados para ser utilizados en instalaciones y equipos de clase II, aunque los cables no se clasifiquen como tales, por lo que se recomienda la utilización de estos cables si bien el elegido RZ1-K no incumplen el reglamento.

Figura 13. Cable solar. Fuente: Top Cable

Protector sobretensiones (SPD)

De acuerdo con lo indicado en la Guía-BT-40, Apartado 7, se recomienda instalar un protector de sobretensiones que derivará la corriente hacia la toma de tierra de los módulos fotovoltaicos que está unida a la toma de tierra de la instalación trifásica. Este protector de sobretensiones tiene como función proteger de las sobretensiones transitorias que provengan de una descarga eléctrica sobre los conductores de continua. Se trata de equipos especiales para las tensiones habituales en corriente continua de instalaciones fotovoltaicas. Se situará en la parte cubierta, junto al inversor.

La Guía-BT-23, Apartado 4, indica que, en general, se puede lograr la protección de la instalación mediante un dispositivo Tipo 2, instalado lo más cerca posible del origen de la instalación, en este caso, junto al inversor.

Como la tensión máxima de trabajo de la instalación es de 908,46 V a -3 °C, se elige un protector de sobretensiones de 1.000 V.

Figura 14. Protector sobretensiones corriente continua

En el mercado se pueden encontrar protectores de sobretensiones con desconexión de la carga mediante fusibles o bien protectores que limitan la tensión residual de la carga a valores admisibles.

Conclusión

Una solución es:

> Circuito cc= RZ1-K, 2×6 mm², rojo y negro

> Circuito tierra= RZ1-K, 1×6 mm²

> Instalación superficial directa, C

> FUSIBLE 16 A, tipo gPV, 1.000 V, 10 kA, junto a inversor

> Protector sobretensiones transitorias cc Tipo 2, junto al inversor

7.5. Circuito de corriente alterna. Cableado y protecciones

Esquema

La Guía-BT-40, en el Apartado 4.3 A, aporta los diferentes esquemas de conexión posibles. Para el caso que se estudia en este texto, se elige una conexión en la instalación interior del abonado y con medida bidireccional, que se corresponde con los esquemas 7 y 8.

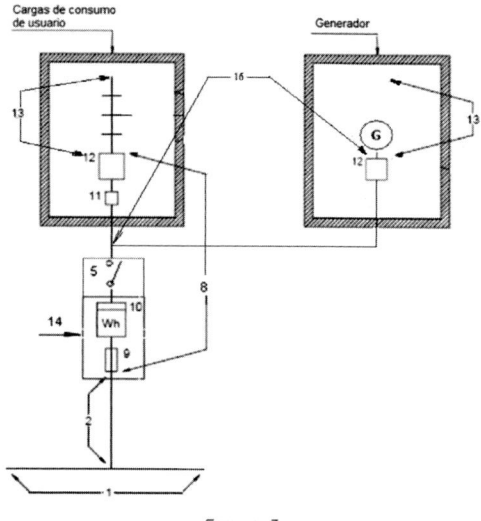

Esquema 7

Figura 15. Esquma 7

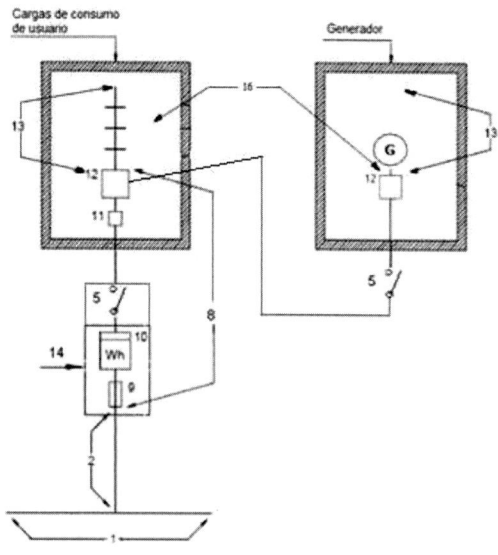

Esquema 8

Figura 16. Esquema 8

Se elige el esquema 8 que conecta la instalación fotovoltaica al cuadro general de protección y mando, CGPM. El generador debe estar conectado en un circuito dedicado e independiente del resto de circuitos, por tanto, no debe compartir circuito con ninguna otra carga de la instalación.

A continuación, se expone la determinación del circuito de alterna que se corresponde con el inversor Fronius de 5 kW de potencia.

El circuito trifásico presenta una longitud de 5 m desde el inversor hasta la conexión a la instalación interior junto al cuadro de protección y mando, DGPM.

Según la ITC-BT-26 (aplicable a viviendas o análogos), los conductores a utilizar en los circuitos interiores, tres por fase, uno de neutro y uno de protección, serán de cobre y aislados, siendo su tensión asignada 450/750 kV.

Un centro deportivo es un local de pública concurrencia de acuerdo con el Apartado 1 de la ITC-BT-28. De acuerdo con lo indicado en el Apartado 4.f de esta instrucción técnica, los conductores serán no propagadores del incendio (AS) y con emisión de humos y opacidad reducida (Z1).

Es importante observar que no se indica que los conductores deban ser unipolares como sucede en las instalaciones de enlace.

La intensidad es, con factor de potencia 1 por no haber motores:

$$I = \frac{P}{\sqrt{3} \times U_F \times \cos\phi} = \frac{5.000}{\sqrt{3} \times 400 \times 1} = 7,22 \text{ A}$$

Según el Apartado 5 de la ITC-BT-40 los cables de conexión deberán estar dimensionados para una intensidad no inferior al 125% de la máxima intensidad del generador.

La intensidad mayorada un 125% es:

$$I^* = 1,25 \times 7,22 = 9,03 \text{ A}$$

Con este rango de intensidades bastaría con un conductor de 2,5 mm², pero se elige una sección de 6 mm², por similitud con una derivación individual en la que el reglamento electrotécnico de baja tensión exige esta sección mínima.

Se elige un conductor unipolar de cobre aislado PVC, H07Z1-K(AS), de 6 mm² de sección, a instalar bajo tubo a empotrar en pared (B1), que presenta una intensidad admisible de 31 A (según Tabla C52, 1 bis de la norma HD60364), superior a la intensidad nominal de 9,03 A calculada.

Tabla 22. Intensidades admisibles

Tabla C52,1 bis, HD 60364-5-52:2011																		
Intensidades admisibles en amperios. Temperatura ambienta 40ºC en el aire. Conductores de cobre																		
Método de instalación	Número de conductores cargados y tipo de aislamiento																	
A1	PVC3	PVC2				XLPE3		XLPE2										
A2	PVC3	PVC2		XLPE3		XLPE2												
B1			PVC3	PVC2						XLPE3				XLPE2				
B2		PVC3	PVC2					XLPE3		XLPE2								
C				PVC3			PVC2			XLPE3			XLPE2					
E					PVC3			PVC2			XLPE3		XLPE2					
F						PVC3			PVC2			XLPE3		XLPE2				
1	2	3	4	5a	5b	6a	6b	7a	7b	8a	8b	9a	9b	10a	10b	11	12	13
Sección mm² COBRE																		
1,5	11	11,5	12,5	13,5	14	14,5	15,5	16	16,5	17	17,5	19	20	20	20	21	23	–
2,5	15	15,5	17	18	19	20	20	21	22	23	24	26	27	26,5	28	30	32	–
4	20	20	22	24	25	26	28	29	30	31	32	34	36	36	38	40	44	–
6	25	26	29	31	32	34	36	37	39	40	41	44	46	46	49	52	52	–
10	33	36	40	43	45	46	49	52	54	54	57	60	63	65	68	72	78	–
16	45	48	53	59	61	63	66	69	72	73	77	81	85	87	91	97	104	–
25	59	63	69	77	80	82	86	87	91	95	100	103	108	110	115	122	135	146
35	–	–	–	95	100	101	106	109	114	119	124	127	133	137	143	153	168	182
50	–	–	–	116	121	122	128	133	139	145	151	155	162	167	174	188	204	220
70	–	–	–	148	155	155	162	170	178	185	193	199	208	214	223	243	262	282
95	–	–	–	180	188	187	196	207	216	224	234	241	252	259	271	298	320	343
120	–	–	–	207	217	216	226	240	251	260	272	280	293	301	314	350	373	397
150	–	–	–	–	–	247	259	276	289	313	322	337	343	359	401	430	458	
185	–	–	–	–	–	281	294	314	329	341	356	368	385	391	409	460	493	523
240	–	–	–	–	–	330	345	368	385	401	419	435	455	468	489	545	583	617

Se indican como 3 los circuitos trifásicos y como 2 los monofásicos.
A efecto de las intensidades admisibles los cables con aislamiento termoplástico a base de poliolefina (Z1) son equivalentes a los cables con aislamiento

Las comprobaciones de diseño y protección del circuito, se pueden resumir en las siguientes cuatro condiciones:

1.- Protección contra sobrecarga del conductor, se elige un PIA a la salida del inversor de 16 A y otro PIA igual en el cuadro general de protección y mando, CGPM

$$9,03 < I_p = 16 < I_{adm} = 31 \text{ A}$$

2.- Caída de tensión (L=5 m del inversor al CGMP)

Con cable de 6 mm², la caída de tensión para una longitud del circuito de 5 m, desde el cuadro, es de:

$$Dv(\%) = \frac{P \times L}{S \times C \times U^2} \times 100 = \frac{5.000 \times 5}{6 \times 56 \times 400^2} \times 100 = 0,05 < 1,5\%$$

La caída de tensión admisible para los cables de conexión viene determinada por el Apartado 5 de la ITC-BT-40 y queda establecida en el 1,5%.

3.- Protección contra cortocircuitos (condición de disparo del PIA)

La I_{cc} es la menor corriente de cortocircuito que se puede presentar en el circuito que empieza en el inversor y termina en el cuadro de mando y protección de la instalación interior, CGPM. La potencia de la red es muy superior a la potencia del inversor, por tanto, si se produce un cortocircuito estará alimentado desde la red, así, la menor corriente de cortocircuito se presentará en el punto más alejado de la red, es decir, en el punto donde se instala el inversor. Esta corriente de cortocircuito debe ser detectada y despejada por el PIA de cabeza del circuito situado en el CGPM.

El cortocircuito no puede ser alimentado sólo por la instalación de generación porque el inversor impide el funcionamiento en isla, en cumplimiento de la legislación vigente.

Según esto, se considera como origen o punto de alimentación del cortocircuito la CGP, según el Anexo III de la Guía de Aplicación del Reglamento, desde donde puede provenir mayor potencia.

Se obtiene considerando la resistencia desde la CGP, hasta el punto donde se sitúa el PIA, según Anexo III de la Guía-BT.

Considerando una derivación individual DI de 50 mm² de 30 m, la corriente de cortocircuito es:

$$Icc = \frac{0,8 \times U_{FN}}{L \times R} = \frac{0,8 \times 230}{30 \times \dfrac{2}{56 \times 50} + 5 \times \dfrac{2}{56 \times 6}} = 3.594 \text{ A}$$

cumpliéndose la condición

$$10 I_p = 10 \times 16 = 160 < 3.594 \text{ A} = I_{cc}$$

con lo que queda garantizado el disparo del PIA en todos los casos.

4.- Protección contra cortocircuitos (poder de corte P_c)

La I_{cc} se calcula para el punto donde está situado el equipo de protección, en este caso el interruptor PIA del cuadro CGPM, cuyo valor es:

$$Icc = \frac{0,8 \times U_{FN}}{L \times R} = \frac{0,8 \times 230}{30 \times \dfrac{2}{56 \times 50}} = 8.586 \text{ A}$$

En el PIA situado junto al inversor la intensidad de cortocircuito es de 3.594 A, calculada antes.

Se eligen un PIA con un poder de corte de 6 kA para el situado junto al inversor y un PIA de 10 kA para el situado en el CGPM, suficiente para proteger el circuito.

Conductor neutro

De acuerdo con lo indicado en la ITC-BT-19, Apartado 2.2.2, en instalaciones interiores, la sección del conductor neutro será como mínimo igual a la de las fases.

Conductor de protección

De acuerdo con la Tabla 2 de la ITC-BT-19, el conductor de protección tendrá la misma sección que el conductor de fase, al tener una sección inferior a 16 mm².

Tabla 23. Sección conductor de protección

Sección conductores de fase S (mm^2)	Sección conductor protección S$_p$ (mm^2)
S≤16	S$_p$=S
16<S≤35	S$_p$=16
S>35	S$_p$=S/2

Tubo de protección

De acuerdo con lo indicado en la ITC-BT-21, Apartado 1.2.2, para conductores bajo tubo en canalizaciones empotradas, Tabla 3, los tubos serán de tipo flexible código 2221 y no propagadores de la llama.

El diámetro del tubo de protección se obtiene de la Tabla 5 de la Guía-BT-21 (canalización empotrada). Del inversor trifásico sale un circuito formado por cinco conductores, tres fases, neutro y protección, por tanto, el diámetro será 25 mm.

Tabla 24. Diámetro tubo de protección

Tabla 5, ITC-BT-21, canalizaciones empotradas				
Diámetros exteriores mínimos de los tubos				
Sección nominal conductores	Diámetros exterior de los tubos (mm)			
	1	2	3	4	5
1,5	12	12	16	16	20
2,5	12	16	20	20	20
4	12	16	20	20	25
6	12	16	25	25	25
10	16	25	25	32	32
16	20	25	32	32	40
25	25	32	40	40	50
35	25	40	40	50	50
50	32	40	50	50	63
70	32	50	63	63	63
95	40	50	63	75	75
120	40	63	75	75	–
150	50	63	75	–	–
185	50	75	–	–	–
240	63	75	–	–	–

Protección contactos directos

La protección contra los contactos directos queda cubierta por la utilización de conductores aislados y cajas de conexiones cerradas.

Interruptor diferencial. Protección contactos indirectos

Junto al interruptor automático se instalará un interruptor diferencial para la protección contra contactos indirectos con una intensidad igual o superior a la del interruptor elegido.

Si bien la ITC-BT-40 en vigor no indica características del interruptor diferencial, la propuesta de nueva redacción que prepara el Ministerio prevé que sea inmunizado (tipo A, B o F) y con una sensibilidad inferior o igual a 30 mA en instalaciones en viviendas, o instalaciones accesibles al público general en zonas residenciales, o análogas.

Se puede ubicar junto al inversor o en el CGPM de la instalación interior.

Una solución es la colocación de un interruptor diferencial de 4×25 A, 30 mA, tipo A.

Protector sobretensiones (SPD)

De acuerdo con lo indicado en la Guía-BT-40, Apartado 7, se recomienda instalar un protector de sobretensiones que derivará la corriente hacia la toma de tierra de los módulos fotovoltaicos que está unida a la toma de tierra de la instalación trifásica. Este protector de sobretensiones tiene como función proteger de la sobretensiones transitorias y permanentes que provengan de la red eléctrica.

Se puede elegir un interruptor automático de 4×16 A con el protector de sobretensiones incorporado pero, en este caso, sólo protegería el circuito de generación. Dado que se debe colocar este equipo, es recomendable colocarlo junto al interruptor general automático (IGA) para proteger toda la instalación.

En el mercado se pueden encontrar interruptores automáticos con el protector de sobretensiones incorporado.

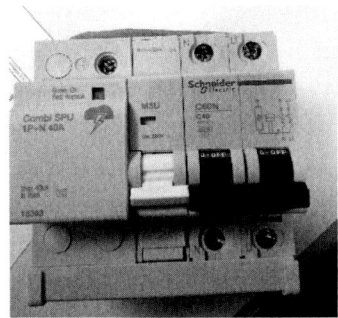

Figura 17. Protector de sobretensiones corriente alterna

De acuerdo con lo indicado en la Guía-BT-40, Apartado 4, en general, se puede lograr la protección de la instalación mediante un dispositivo Tipo 2 instalado lo más cerca posible del origen de la instalación interior, en el cuadro de distribución principal, aguas arriba del IGA.

La guía también indica que el protector de sobretensiones se situará entre el IGA y el interruptor diferencial.

Conclusión

Una solución es:

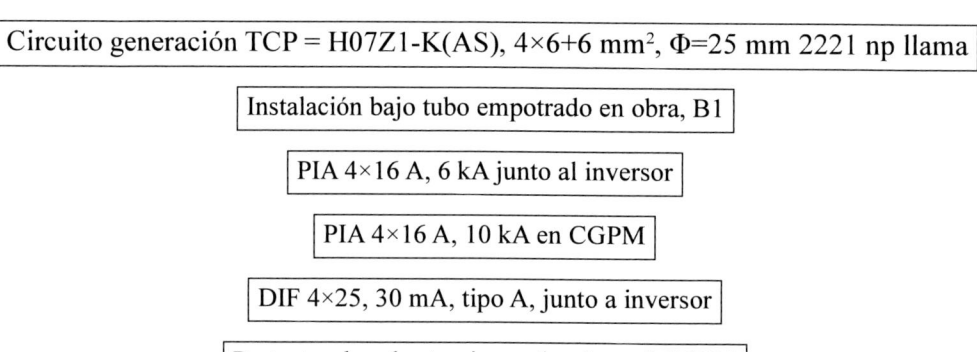

Circuito generación TCP = H07Z1-K(AS), 4×6+6 mm², Φ=25 mm 2221 np llama

Instalación bajo tubo empotrado en obra, B1

PIA 4×16 A, 6 kA junto al inversor

PIA 4×16 A, 10 kA en CGPM

DIF 4×25, 30 mA, tipo A, junto a inversor

Protector de sobretensiones tipo 2 en el CGPM

Con el siguiente esquema resultante:

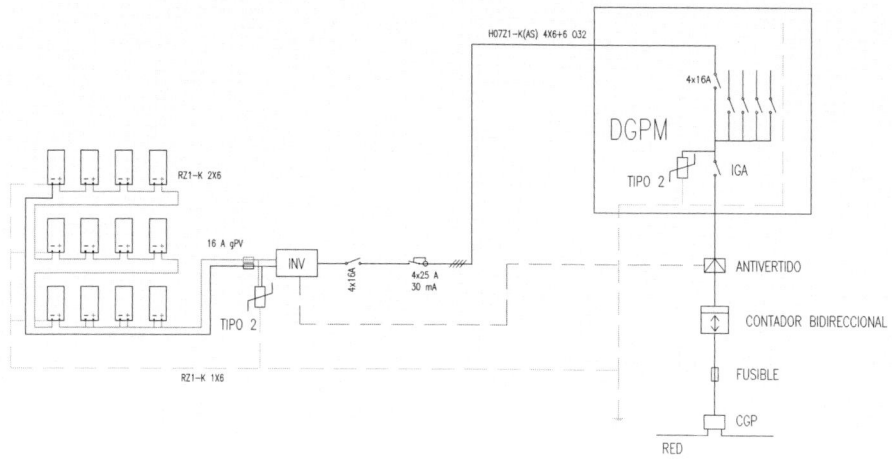

Figura 18. Esquema resultante de la instalación sin excedentes

7.6. Equipo anti-vertido

Se dispondrá de un equipo que asegure que no habrá vertido de energía hacia la red eléctrica. Básicamente, estos equipos consisten en un detector de vertido situado aguas arriba del interruptor general que envía una señal al inversor, que regula la potencia de la generación.

Esta funcionalidad viene incorporada en muchos inversores, pero no en el Fronius elegido por lo que se ha de colocar aparte. También existen en el mercado equipos independientes de anti-vertido.

Concretamente la marca Fronius presenta el modelo adaptado al inversor elegido, Fronius Smart Meter 63 A-3 trifásico.

Figura 19. Equipo antivertido

FRONIUS SMART METER

DATOS TÉCNICOS	FRONIUS SMART METER 63A-3	FRONIUS SMART METER 50kA-3[1]	FRONIUS SMART METER 63A-1
Tensión nominal	400 – 415 V	400 – 415 V	230 – 240 V
Máxima corriente	3 x 63 A	3 x 50.000 A	1 x 63 A
Sección de cable de entrada	1 – 16 mm²	0,05 - 4 mm²	1 – 16 mm²
Sección de cable de comunicación y neutro		0,05 – 4 mm²	
Consumo de energía	1,5 W	2,5 W	1,5 W
Intensidad de inicio		40 mA	
Clase de precisión		1	
Precisión de energía activa		Class B (EN50470)	
Precisión de energía reactiva		Class 2 (EN/IEC 62053-23)	
Sobrecorriente de corta duración		30 x Imax / 0,5 s	
Montaje		Interior (Carril DIN)	
Carcasa (ancho)	4 módulos DIN 43880	4 módulos DIN 43880	2 módulos DIN 43880
Tipo de protección		IP 51 (marco frontal), IP 20 (terminales)	
Rango de temperatura de operación		-25 - +55℃	
Dimensiones (Altura x Anchura x Profundidad)	89 x 71,2 x 65,6	89 x 71,2 x 65,6	89 x 35 x 65,6
Interface para el inversor		Modbus RTU (RS485)	
Display	8 dígitos LCD	8 dígitos LCD	6 dígitos LCD

[1] Disponible sin transformador de corriente. Más información sobre la correcta elección de los transformadores en www.fronius.es.

Figura 20. Características equipo antivertido

El equipo de anti-vertido (detector de vertido), debe colocarse de acuerdo con lo indicado en la ITC-BT-40, anexo II, antes del cuadro general de mando y protección CGMP.

Esquema con equipo de medida de intercambio de energía con
la red en instalaciones conectadas a redes de baja tensión.

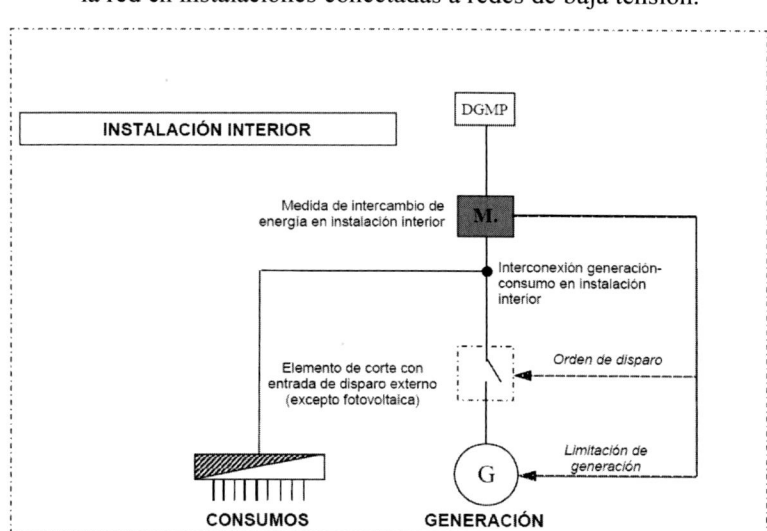

Figura 21. Colocación equipo anti-vertido

7.7. La medida. Contador

De acuerdo con lo indicado en Artículo 7 del RD 1110/2007, por el que se aprueba el
Reglamento Unificado de Puntos de Medida del Sistema Eléctrico (RUPM), a la instalación
de consumo existente le corresponde un punto de medida tipo 4, por ser la potencia contratada
(32 kW), superior a 15 kW e inferior a 50 kW.

De acuerdo con lo indicado en el RD244/2019, Artículo 10, Apartado 2, con carácter
general los consumidores acogidos a cualquier modalidad de autoconsumo deberán disponer
de un equipo de medida bidireccional en el punto frontera. Por tanto, aunque el equipo anti-
vertido impedirá la medida hacia la red eléctrica, el contador existente debe ser sustituido por
otro bidireccional.

Una instalación de generación de 5 KW sin autoconsumo exigiría un contador tipo 5, de
acuerdo con lo indicado en el Artículo 7 del RUPM (P ≤ 15 KVA), pero al estar asociada a
una instalación de consumo con punto de medida tipo 4, el contador a colocar será de tipo
4 (más exigente).

Contador bidireccional tipo 4

En cualquier caso, lo habitual es que el contador se contrate con la compañía distribuidora
en régimen de alquiler.

8. Modalidad de autoconsumo con excedentes

Es este apartado se estudia una instalación de mayor potencia, superior a 5 kW, por lo que se espera que habrá excedentes en determinadas horas del día durante numerosos días del año.

Dado que el perfil de carga de la instalación está generalmente entre 5 y 10 kW, se elige una instalación del orden de 15 kW para provocar los excedentes. Se toma una instalación de 15,30 kW que se corresponde con 2×17=34 módulos fotovoltaicos Atersa A-450M.

8.1. Dimensionamiento de la instalación. Selección de equipos

Módulo fotovoltaico

Para el cálculo de la instalación y la generación fotovoltaica de la misma se utiliza el mismo panel fotovoltaico visto en apartados anteriores, Atersa A-450M de amplio uso en el sector.

Calcularemos en primer lugar el número de paneles y la disposición serie/paralelo de los mismos. Para ello necesitamos las características del panel y del inversor a utilizar, que se extraen de los catálogos del fabricante.

Inversor

El RD 1699/2011, (Artículo 12), exige realizar una instalación trifásica cuando la potencia es mayor de 15 kW. Por otro lado, si el consumo es trifásico la conexión de la instalación de generación también deberá serlo. Por tanto, como el consumo es trifásico, se elige un inversor trifásico.

El CTE-HE5 (Apartado 3.2.3.2 de su versión inicial de 2006 donde se indicaban criterios generales de cálculo y que han desaparecido de la versión actual) establecía que la potencia *mínima* del inversor ha de ser del 80 % de la potencia pico de la instalación fotovoltaica, por lo tanto:

$$P_{inversor} \geq 0,8 \times 15,30 = 12,24 \text{ kW}$$

Esta exigencia se debe a la instalación fotovoltaica tiene unos rendimientos del orden de 80-85% (Performance Ratio PR), es decir no me puede extraer toda la potencia pico. Además, los inversores presentan mejores valores de rendimiento para valores de potencia altos. Si se elige un inversor de más potencia trabajará más tiempo en un rango de potencia con rendimientos bajos. Es importante tener en cuenta que la instalación trabaja durante determinadas horas con valores de potencia bajos (mañanas y tardes). Los inversores actuales presentan buenos rendimientos para regímenes de cargas bajos por lo que este requisito no resultaría necesario.

Se elige un inversor trifásico de la marca SMA, muy utilizada en el sector, modelo Sony Tripower 15000TL de 15 kW, cuyas características aparecen en la siguiente figura:

Figura 22. Inversor instalación con excedentes

Datos técnicos	Sunny Tripower 15000TL
Entrada (CC)	
Potencia máx. del generador fotovoltaico	27000 Wp
Potencia asignada de CC	15330 W
Tensión de entrada máx.	1000 V
Rango de tensión MPP/tensión asignada de entrada	240 V a 800 V/600 V
Tensión de entrada mín./de inicio	150 V/188 V
Corriente máx. de entrada, entradas: A/B	33 A/33 A
Número de entradas de MPP independientes/strings por entrada de MPP	2/A:3; B:3
Salida (CA)	
Potencia asignada (a 230 V, 50 Hz)	15000 W
Potencia máx. aparente de CA	15000 VA

Figura 23. Caracterísicas inversor SMA

De la tabla se puede observar las tensiones de continua de entrada al inversor mínima (150 V) y máxima (1.000 V), así como estos valores para funcionamiento en modo extracción de la máxima potencia de los módulos MPPT, tensión mínima (240 V) y máxima (800 V).

Asimismo, la corriente continua máxima de entrada es de 33 A.

El rendimiento del inversor viene reflejado en la siguiente tabla:

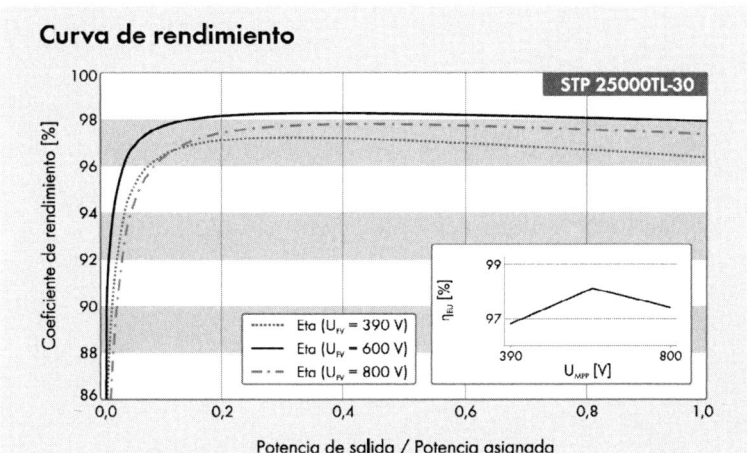

Figura 24. Rendimiento del inveror SMA

De acuerdo con lo indicado en el Artículo 14 del RD1699/2011, el inversor deberá contar con las protecciones de la conexión de máxima y mínima frecuencia y de máxima y mínima tensión entre fases.

Conexión de los módulos fotovoltaicos

Con los valores límite de tensión e intensidad en corriente continua se determina la conexión de los módulos solares.

La tensión de los módulos aumenta logarítmicamente con la irradiancia y decrece con temperatura, mediante la siguiente expresión:

$$V_T = V_{STC} + m \times v \times \ln \frac{G}{G_{STC}} + V_{STC} \times (T - T_{cel}) \times TKV_{oc}$$

donde:

T= temperatura del emplazamiento

TK_V= coeficiente de temperatura aplicable a tensiones (-0,271% A-450M GS)

T_{cel} = temperatura de la célula (CEM, 25 °C)

V_{STC} = valor de tensión a temperatura T

G = irradiancia W/m^2

G = irradiancia en condiciones STC, 1.000 W/m^2

m = factor de idealidad del diodo

v = votaje térmico

No se considera que la irradiancia supere el valor STC de 1.000 W/m², por lo que la expresión se simplifica:

$$V_T = V_{STC} + V_{STC} \times (T - T_{cel}) \times TK_V$$

Como la tensión de los módulos oscila entre V_{mp}=41,5 V (tensión de máxima potencia) y V_{oc}=49,3 V (tensión de circuito abierto), en condiciones STC, los valores límite son los siguientes:

Modo MPPT, Tmax=50 °C y Tmin = -3 °C, (Valencia, pliego de condiciones térmicas IDAE):

$$V_{mpmin} (50°C) = 41,50 + 41,50 \times (50 - 25) \times \frac{-0,271}{100} = 38,69 \text{ V}$$

$$V_{mpmax} (-3°C) = 41,50 + 41,50 \times (-3 - 25) \times \frac{-0,271}{100} = 44,65 \text{ V}$$

Modo circuito abierto, Tmax=50 °C y Tmin = -3 °C, (Valencia, pliego de condiciones térmicas IDAE):

$$V_{ocmin} (50°C) = 49,30 + 49,30 \times (50 - 25) \times \frac{-0,271}{100} = 45,96 \text{ V}$$

$$V_{ocmax} (-3°C) = 49,30 + 49,30 \times (-3 - 25) \times \frac{-0,271}{100} = 53,04 \text{ V}$$

Como el rango de funcionamiento normal del inversor SMA está comprendido entre 150 y 1.000 V y, en modo MPPT entre 240 y 800 V, el número de módulos a conectar en serie deberá estar comprendido entre los siguientes valores:

6,20 = 240/38,69 < n° módulos serie < 800/44,65 = 17,92 máx. potencia

3,26 = 150/45,96 < n° módulos serie < 1.000/53.04 = 18,85 cto. abierto

Por tanto, el número de paneles a conectar en serie para que el inversor funcione en su rango de máxima potencia de funcionamiento estará comprendido entre 7 y 17.

Como la potencia pico mínima a instalar es de 15 kWp, y considerando los paneles de 450 Wp, tendremos:

N° mínimo paneles = 15/0,450 = 33,33 > 34 paneles (2 cadenas)

Se elige una configuración de 34 paneles, con dos circuitos en paralelo cada uno de ellos formado por 17 paneles en serie, con lo que se garantiza una configuración de paneles conectados en serie que permite que el inversor trabaje en su rango de funcionamiento MPPT.

Los dos circuitos confluirán en una caja repartidora desde donde partirá la línea colectora hasta el inversor.

Es importante indicar que el inversor dispone de dos entradas MPPT, A y B. Como en este caso las dos cadenas tienen la misma inclinación y orientación se pueden conectar a una sola entrada. En caso de tener cada cadena unos valores diferentes de inclinación y orientación se tendrían que usar las dos entradas, una para cada cadena.

La intensidad de la corriente varia con la irradiancia y con la temperatura, mediante la siguiente expresión:

$$I_T = I_{STC} \times \frac{G}{G_{STC}} + I_{STC} \times (T - T_{cel}) \times TKI_{sc}$$

Con los siguientes valores máximos para Valencia, en modo MPPT y cortocircuito:

Modo MPPT, Tmax=50 °C y Tmin = -3 °C, (Valencia, pliego de condiciones térmicas IDAE):

$$I_{mpmax} = 10,85 + 10,85 \times (50 - 25) \times \frac{0,049}{100} = 10,98 \text{ A } (50°C)$$

Modo cortocircuito, Tmax=50 °C y Tmin = -3 °C, (Valencia, pliego de condiciones térmicas IDAE):

$$I_{scmax} = 11,60 + 11,60 \times (50 - 25) \times \frac{0,049}{100} = 11,74 \text{ A } (50°C)$$

Tras unirse en el repartidor los dos circuitos, la intensidad de la línea saliente será:

I= 2×10,98 = 21,96 A < 33 A máximo del inversor

I= 2×11,60 = 23,20 A < 33 A máximo

Con esto la potencia de la instalación resulta:

Potencia = 2×17 x 0,450= 15,30 kWp

Y las tensiones máximas de trabajo, en el punto de máxima potencia y circuito abierto, serán:

V_{mp} = 17 x 44,65 = 759,05 V (-3 °C)

V_{oc} = 17 x 53,04 = 901,68 V (-3 °C)

Comprobándose que no se supera la tensión máxima de entrada en el inversor de 800 V en MPPT y 1.000 V máximo de funcionamiento.

Además, este valor de tensión máxima determinará la tensión nominal de los elementos de protección (fusibles e interruptores automáticos) y resto de equipos (conductores, seccionadores, bases, etc).

La instalación se realizará según el siguiente esquema:

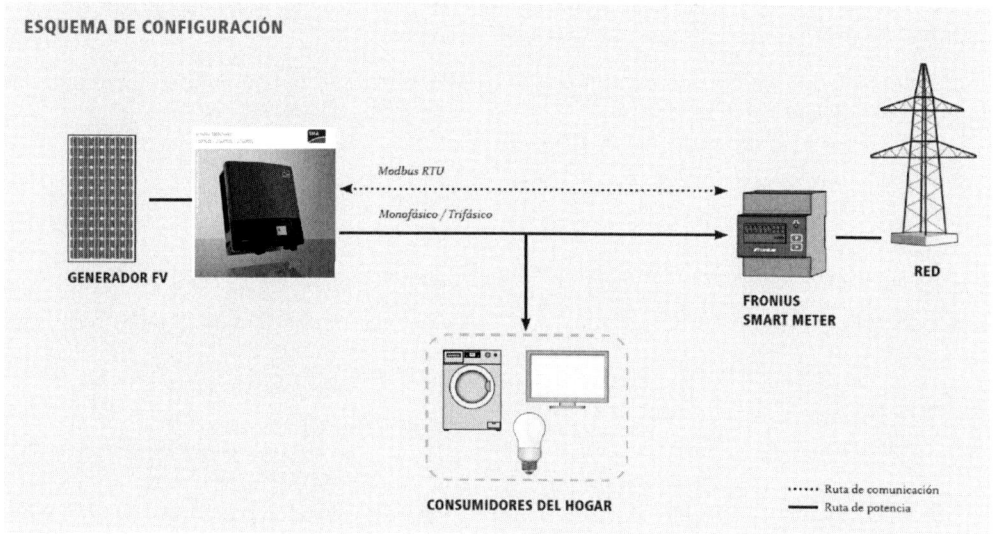

ESQUEMA DE CONFIGURACIÓN

GENERADOR FV

Modbus RTU

Monofásico / Trifásico

RED

FRONIUS
SMART METER

CONSUMIDORES DEL HOGAR

······ Ruta de comunicación
——— Ruta de potencia

Figura 25. Esquema instalación con excedentes

8.2. *Cálculo de la producción con periodos horarios*

Los excedentes de energía no pueden ser tratados igual que la energía no consumida de la red, puesto que el precio de la energía consumida de la red es de 0,24 €/kWh en periodos punta y 0,23 €/kWh en periodos llano, tal y como se puede observar en las facturas (P6 es horario valle nocturno y al no haber sol no se reduce la factura), mientras que la energía sobrante que se vierte a la red es remunerada con el precio del mercado diario con un precio medio anual de 0,05 €/kWh sin considerar el momento del vertido.

Esto obliga a saber en cada momento, en cada periodo horario, cuanta energía se produce en la instalación para calcular la reducción de energía procedente de la red en unos casos y el excedente de energía que se vierte a la red en otros casos.

Para ello es necesario conocer, aunque sea una estimación la producción horaria. El perfil del consumo se puede obtener de la compañía eléctrica como se ha visto antes.

Referencia IDAE

Realizando el mismo procedimiento empleado para la instalación de 5,40 kW pero cambiando al valor una potencia de 15,30 kWp, se obtiene el siguiente cuadro de producciones (Tabla 25).

Tabla 25. Producción según IDAE

Irradiación solar	G(λ,0) Superficie horizontal		Nº días (N)	λ= 39° N β=30°	G(λ,β) Superficie inclinada		Orientación e inclinación óptimas		Superposición sobre cubierta existente	
	MJ/m² y día	kWh/m² y día		Factor corrección	MJ/m² y día	kWh/m² y día	PR	Ep (KWh/mes)	Pérdidas	Ep (KWh/mes)
Enero	7,60	2,11	31,00	1,33	10,11	2,81	0,82	1.090,22	0,95	1.035,71
Febrero	10,60	2,94	28,00	1,25	13,25	3,68	0,82	1.286,43	0,95	1.222,11
Marzo	14,90	4,14	31,00	1,16	17,28	4,80	0,81	1.844,08	0,95	1.751,88
Abril	18,10	5,03	30,00	1,07	19,37	5,38	0,80	1.985,41	0,95	1.886,14
Mayo	20,60	5,72	31,00	1,00	20,60	5,72	0,79	2.154,12	0,95	2.046,41
Junio	22,80	6,33	30,00	0,97	22,12	6,14	0,79	2.212,33	0,95	2.101,71
Julio	23,80	6,61	31,00	1,00	23,80	6,61	0,78	2.432,86	0,95	2.311,22
Agosto	20,70	5,75	31,00	1,08	22,36	6,21	0,77	2.276,80	0,95	2.162,96
Septiembre	16,70	4,64	30,00	1,19	19,87	5,52	0,78	1.981,34	0,95	1.882,27
Octubre	12,00	3,33	31,00	1,33	15,96	4,43	0,79	1.668,31	0,95	1.584,89
Noviembre	8,70	2,42	30,00	1,41	12,27	3,41	0,81	1.261,54	0,95	1.198,46
Diciembre	6,60	1,83	31,00	1,40	9,24	2,56	0,82	990,79	0,95	941,25
Anual	15,30	4,25	365,00		17,20	57,27		21.184,23		20.125,02
							Horas equivalentes	1.384,59		1.315,36

La producción anual es de 20.125,02 kWh y la producción de un día medio del més de enero es de:

$$\text{Producción-enero} = \frac{1.035,71}{31} = 33,44 \text{ kWh}$$

El pliego del IDAE aporta valores de energía para un día medio de cada mes pero no para las diferentes horas del día. Para esto hay que utilizar el Anexo XII del Real Decreto 661/2007 reproducido en el Anexo IV del Real Decreto 413/2014, que establece los factores de funcionamiento de una instalación solar fotovoltaica en función de la zona climática.

A Valencia le corresponde la zona climática IV, de acuerdo con el Código Técnico de la Edificación, CTE-HE4, por lo que los factores de utilización a considerar son los siguientes:

Tabla 26. Factores de funcionamiento

Mes/Hora	1	2	3	4	5	6	7	8	9	10	11	12	13	14	15	16	17	18	19	20	21	22	23	24
Enero	0,00	0,00	0,00	0,00	0,00	0,00	0,00	0,10	0,23	0,34	0,43	0,46	0,43	0,34	0,23	0,10	0,00	0,00	0,00	0,00	0,00	0,00	0,00	0,00
Febrero	0,00	0,00	0,00	0,00	0,00	0,00	0,04	0,19	0,34	0,48	0,58	0,61	0,58	0,48	0,34	0,19	0,04	0,00	0,00	0,00	0,00	0,00	0,00	0,00
Marzo	0,00	0,00	0,00	0,00	0,00	0,00	0,11	0,26	0,42	0,55	0,64	0,67	0,64	0,55	0,42	0,26	0,11	0,00	0,00	0,00	0,00	0,00	0,00	0,00
Abril	0,00	0,00	0,00	0,00	0,00	0,06	0,19	0,35	0,50	0,63	0,72	0,75	0,72	0,63	0,50	0,35	0,19	0,06	0,00	0,00	0,00	0,00	0,00	0,00
Mayo	0,00	0,00	0,00	0,00	0,00	0,13	0,28	0,44	0,60	0,74	0,83	0,86	0,83	0,74	0,60	0,44	0,28	0,13	0,00	0,00	0,00	0,00	0,00	0,00
Junio	0,00	0,00	0,00	0,00	0,03	0,16	0,31	0,47	0,63	0,76	0,85	0,88	0,85	0,76	0,63	0,47	0,31	0,16	0,03	0,00	0,00	0,00	0,00	0,00
Julio	0,00	0,00	0,00	0,00	0,02	0,16	0,33	0,51	0,69	0,83	0,93	0,97	0,93	0,83	0,69	0,51	0,33	0,16	0,02	0,00	0,00	0,00	0,00	0,00
Agosto	0,00	0,00	0,00	0,00	0,00	0,09	0,25	0,43	0,60	0,74	0,84	0,88	0,84	0,74	0,60	0,43	0,25	0,09	0,00	0,00	0,00	0,00	0,00	0,00
Septiembre	0,00	0,00	0,00	0,00	0,00	0,02	0,16	0,32	0,49	0,63	0,73	0,76	0,73	0,63	0,49	0,32	0,16	0,02	0,00	0,00	0,00	0,00	0,00	0,00
Octubre	0,00	0,00	0,00	0,00	0,00	0,00	0,06	0,20	0,35	0,49	0,58	0,61	0,58	0,49	0,35	0,20	0,06	0,00	0,00	0,00	0,00	0,00	0,00	0,00
Noviembre	0,00	0,00	0,00	0,00	0,00	0,00	0,00	0,11	0,24	0,35	0,43	0,46	0,43	0,35	0,24	0,11	0,00	0,00	0,00	0,00	0,00	0,00	0,00	0,00
Diciembre	0,00	0,00	0,00	0,00	0,00	0,00	0,00	0,08	0,20	0,31	0,38	0,41	0,38	0,31	0,20	0,08	0,20	0,08	0,00	0,00	0,00	0,00	0,00	0,00

ZONA IV. Factor de funcionamiento según RD661/2007, anexo XII. HORA SOLAR

Es importante observar que los valores son totalmente simétricos, por lo que la utilización de los mismos no tendrá en cuenta que la instalación tiene una orientación de 30° sur. Con la utilización del PVGIS sí que se tiene en cuenta la orientación de loa módulos fotovoltaicos como se observará en el siguiente apartado.

En esta tabla, los valores de las horas que aparecen corresponden al tiempo solar. En el horario de invierno la hora civil corresponde a la hora solar más 2 unidades, y en el horario de verano la hora civil corresponde a la hora solar más 1 unidad. Los cambios de horario de invierno a verano o viceversa coincidirán con la fecha de cambio oficial de hora.

Pasando estos valores a la hora civil, resulta:

Tabla 27. Factores de utilización

Mes/Hora	1	2	3	4	5	6	7	8	9	10	11	12	13	14	15	16	17	18	19	20	21	22	23	24	Suma
							ZONA IV. Factor de funcionamiento según RD661/2007, anexo XII. HORA OFICIAL																		
Enero	0,00	0,00	0,00	0,00	0,00	0,00	0,00	0,00	0,00	0,10	0,23	0,34	0,43	0,46	0,43	0,34	0,23	0,10	0,00	0,00	0,00	0,00	0,00	0,00	2,66
Febrero	0,00	0,00	0,00	0,00	0,00	0,00	0,00	0,00	0,04	0,19	0,34	0,48	0,58	0,61	0,58	0,48	0,34	0,19	0,04	0,00	0,00	0,00	0,00	0,00	3,87
Marzo	0,00	0,00	0,00	0,00	0,00	0,00	0,00	0,00	0,11	0,26	0,42	0,55	0,64	0,67	0,64	0,55	0,42	0,26	0,11	0,00	0,00	0,00	0,00	0,00	4,63
Abril	0,00	0,00	0,00	0,00	0,00	0,00	0,00	0,06	0,19	0,35	0,50	0,63	0,72	0,75	0,72	0,63	0,50	0,35	0,19	0,06	0,00	0,00	0,00	0,00	5,65
Mayo	0,00	0,00	0,00	0,00	0,00	0,00	0,13	0,28	0,44	0,60	0,74	0,83	0,86	0,83	0,74	0,60	0,44	0,28	0,13	0,00	0,00	0,00	0,00	0,00	6,90
Junio	0,00	0,00	0,00	0,00	0,00	0,00	0,16	0,31	0,47	0,63	0,76	0,75	0,88	0,85	0,76	0,63	0,47	0,31	0,16	0,03	0,00	0,00	0,00	0,00	7,17
Julio	0,00	0,00	0,00	0,00	0,00	0,02	0,16	0,33	0,51	0,69	0,83	0,93	0,97	0,93	0,83	0,69	0,51	0,33	0,16	0,02	0,00	0,00	0,00	0,00	7,91
Agosto	0,00	0,00	0,00	0,00	0,00	0,00	0,09	0,25	0,43	0,60	0,74	0,84	0,88	0,84	0,74	0,60	0,43	0,25	0,09	0,00	0,00	0,00	0,00	0,00	6,78
Septiembre	0,00	0,00	0,00	0,00	0,00	0,00	0,02	0,16	0,32	0,49	0,63	0,73	0,76	0,73	0,63	0,49	0,32	0,16	0,02	0,00	0,00	0,00	0,00	0,00	5,46
Octubre	0,00	0,00	0,00	0,00	0,00	0,00	0,00	0,06	0,20	0,35	0,49	0,58	0,61	0,58	0,49	0,35	0,20	0,06	0,00	0,00	0,00	0,00	0,00	0,00	3,97
Noviembre	0,00	0,00	0,00	0,00	0,00	0,00	0,00	0,00	0,00	0,11	0,24	0,35	0,43	0,46	0,43	0,35	0,24	0,11	0,00	0,00	0,00	0,00	0,00	0,00	2,72
Diciembre	0,00	0,00	0,00	0,00	0,00	0,00	0,00	0,00	0,00	0,08	0,20	0,31	0,38	0,41	0,38	0,31	0,20	0,08	0,00	0,00	0,00	0,00	0,00	0,00	2,35

Así, en la hora 11 de un día medio del mes de enero, el factor de utilización es 0,23. La suma de factores de utilización es de 2,66. Por tanto, producción de la hora 11 de un día de enero, con una producción al dia de 38.910 Wh, es de:

$$\text{Prod} - \text{H11} = \frac{0,23}{2,66} \times 33.410 = 2.888,83 \text{ Wh}$$

Con esta información se puede calcular la reducción de consumo y el excedente en cada periodo horario.

Tabla 28. Consumo, generación y excedentes de un día medio del mes de enero según IDAE

Mes	Enero								
Fecha	16/01/2019								
Horario	Invierno	**PRODUCCIONES DE UN DIA MEDIO EN Wh**							
Potencia instalación (kW)	17,82								
PR	0,775								
Hora	1	9	10	11	12	13	14	24	Suma Wh
	0-1	8-9	9-10	10-11	11-12	12-13	13-14	23-24	
Consumo (Wh)	1887	1429	9783	9588	8509	7324	2871	2864	129070
Factor fto RD661	0,00	0,00	0,10	0,23	0,34	0,43	0,46	0,00	2,66
% irradiancia RD661	0,00	0,00	3,76	8,65	12,78	16,17	17,29	0,00	100
Diferencia RD661-PVSIG	0,00	0,00	-2,53	-3,45	-2,87	-2,06	-0,53	0,00	
Generación (Wh)	0	0	1256,015	2888,835	4270,451	5400,865	5777,669	0	33410
Generación - consumo (Wh)	-1887	-1429	-8526,98	-6699,17	-4238,55	-1923,14	2906,669	-2864	Suma Wh
IDAE — Consumo final (Wh)	1887	1429	8526,985	6699,165	4238,549	1923,135	0	2864	103986
Reducción consumo (Wh)	0	0	1256,015	2888,835	4270,451	5400,865	2871	0	25084,02
Excedentes (Wh)	0	0	0	0	0	0	2906,669	0	8325,985

De esta tabla se puede obtener la reducción de consumo en cada periodo horario y el excedente. Así, para la hora 11 de un día medio del mes de enero se tiene:

Consumo:	9.588 Wh
Generación:	2.889 Wh
Reducción consumo:	2.889 Wh
Excedentes:	0 Wh

Agrupando estos resultados de reducción de consumo y excedentes por periodos, P1, P2, P3, P4, P5 y P6, y multiplicando por el número de días del mes, se obtienen los valores de reducción de consumo y excedentes en los seis periodos. Es importante indicar que para los días del mes se ha utilizado el periodo de facturación y no los días naturales de cada mes.

Como los fines de semana el periodo es P6 y hay generación, se ha considerado una producción equivalente a 22 días en la generación punta y llano, quedando el resto de días del mes (fines de semana) en periodo valle P6.

Por ejemplo, para para un día medio del mes de enero en P1 se ha producido una reducción del consumo de 16.687,17 Wh, que multiplicados por 22 días, resulta una reducción del consumo de 387,30 kWh, que se trasladan a la nueva factura.

Referencia PVGIS

Situando el cursor sobre la ubicación del proyecto e introduciendo la potencia de la instalación 15,30 kWp, la inclinación 30° y el azimut de 30° al que obliga la disposición de la cubierta e indicando un porcentaje de pérdidas del 20,6%, sin considerar las pérdidas por orientación debido a que el azimut se introduce en el PVGIS (Figura 26), se obtiene:

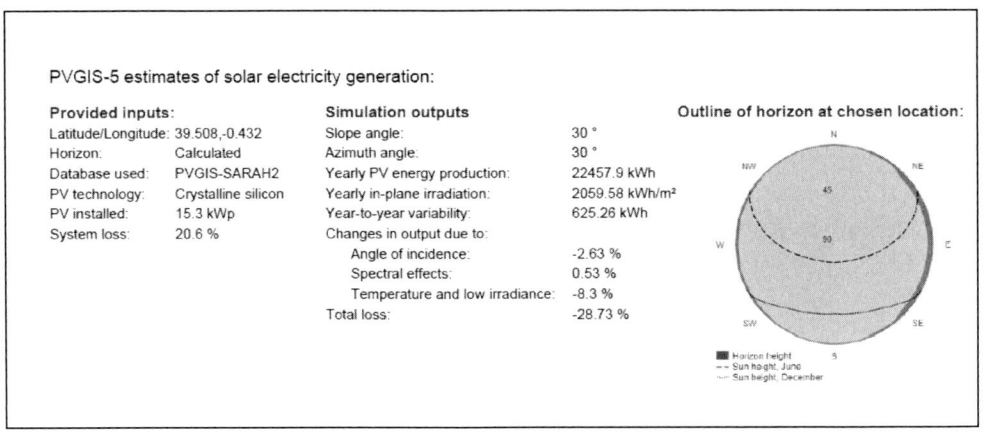

(Figura 26, continúa en la página siguiente)

(Figura 26, continúa de la página anterior)

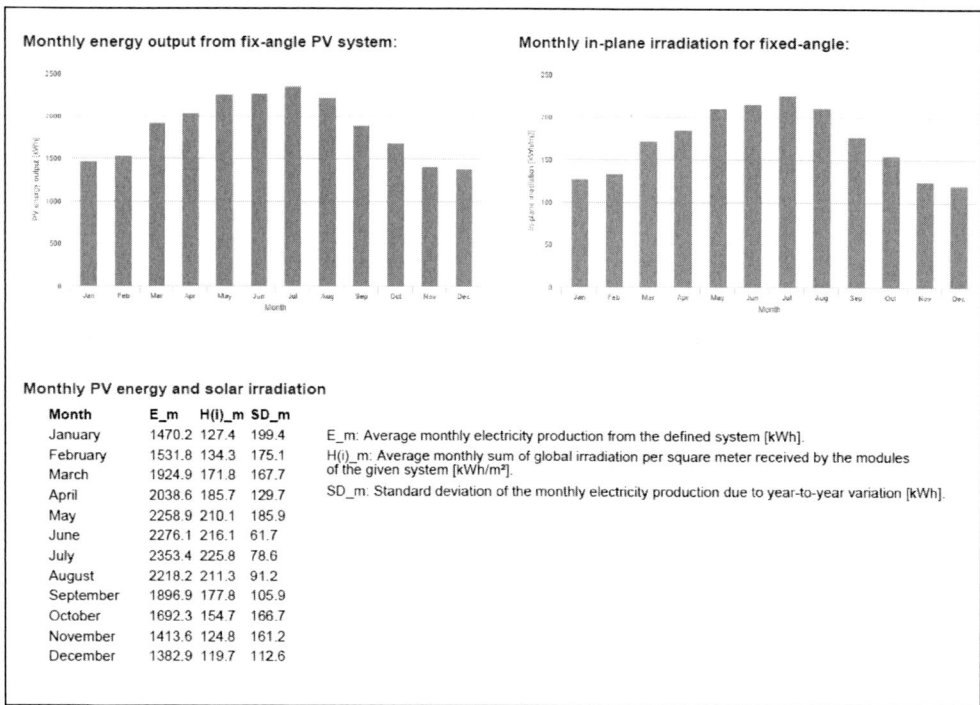

Monthly PV energy and solar irradiation

Month	E_m	H(i)_m	SD_m
January	1470.2	127.4	199.4
February	1531.8	134.3	175.1
March	1924.9	171.8	167.7
April	2038.6	185.7	129.7
May	2258.9	210.1	185.9
June	2276.1	216.1	61.7
July	2353.4	225.8	78.6
August	2218.2	211.3	91.2
September	1896.9	177.8	105.9
October	1692.3	154.7	166.7
November	1413.6	124.8	161.2
December	1382.9	119.7	112.6

E_m: Average monthly electricity production from the defined system [kWh].

H(i)_m: Average monthly sum of global irradiation per square meter received by the modules of the given system [kWh/m²].

SD_m: Standard deviation of the monthly electricity production due to year-to-year variation [kWh].

Figura 26. Producción según PVGIS

La producción anual es de 22.457,09 kWh, superior a los 20.125,02 kWh obtenidos con la referencia IDAE).

La producción de un día medio del mes de enero es de:

$$\text{Producción-enero} = \frac{1.470,2}{31} = 47,43 \text{ kWh}$$

Es destacable que en este caso el valor se separa algo más del obtenido con la referencia del IDAE de 33,44 kWh.

El PVGIS aporta valores de energía para un día medio de cada mes y versiones recientes también aportan valores de energía para las diferentes horas del día. Este programa también aporta la irradiancia horaria, hora local UTC+1 (W/m²), con lo que se puede conocer la aportación en % de cada hora en la irradiancia (irradiancia horaria/suma de irradiancias horarias) que trasladamos a los valores de producción, es decir, obtenemos la aportación horaria en % de la producción del día. De esta forma se evita trabajar con 8.760 valores de producción si bien será menos preciso.

Para la obtención de estos datos se debe solicitar datos horarios en el PVGIS.

Por ejemplo para un día medio del mes de enero, con la inclinación de 30° la latitud de 39,5° y el azimut de 30°, la irradiancia en cada hora es:

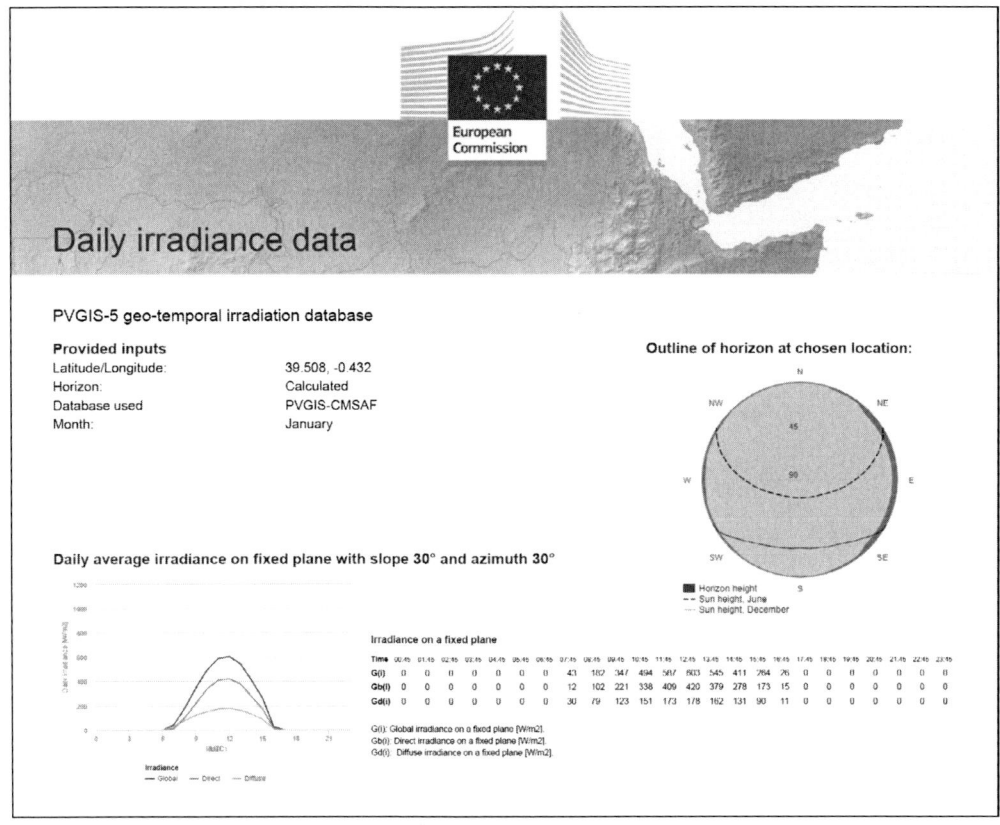

Figura 27. Irradiancia horaria PVGIS, UTC+1

Tabla 29. Irradiancia horaria PGGIS, UTC+1

Irradiancia media diaria sobre plano fijo

Hora	00:45	01:45	02:45	03:45	04:45	05:45	06:45	07:45	08:45	09:45	10:45	11:45	12:45	13:45	14:45	15:45	16:45	17:45	18:45	19:45	20:45	21:45	22:45	23:45
G	0	0	0	0	0	0	0	0	43	182	347	494	587	603	545	411	264	26	0	0	0	0	0	0
Gb	0	0	0	0	0	0	0	0	12	102	221	338	409	420	379	278	173	15	0	0	0	0	0	0
Gd	0	0	0	0	0	0	0	0	30	78	123	151	173	178	162	131	90	11	0	0	0	0	0	0

G: Irradiancia global sobre plano fijo [W/m2].
Gb: Irradiancia directa sobre plano fijo [W/m2].
Gd: Irradiancia difusa sobre plano fijo [W/m2].

55

En esta tabla, los valores de las horas que aparecen corresponden al tiempo solar+ 1. En el horario de invierno la hora civil corresponde a la hora solar más 2 unidades, y en el horario de verano la hora civil corresponde a la hora solar más 1 unidad. Los cambios de horario de invierno a verano o viceversa coincidirán con la fecha de cambio oficial de hora. Consecuentemente habrá que corregir la tabla para trabajar con las horas oficiales de verano, sin más que sumar una unidad más a los valores de la misma.

Es importante observar que, a diferencia de la metodología del IDAE basada en el RD661/2007, los valores no son simétricos, por lo que la utilización de los mismos tiene en cuenta que la instalación tiene una orientación de 30° sur.

Así, la producción en la hora oficial 12 (11,45 UTC+1), la irradiancia es 347 W/m². La suma de irradiancias es de 3.502 W/m².

Por tanto, producción de la hora 12 de un día medio de enero, con una producción al dia de 47.250 Wh, es de:

$$\text{Prod} - \text{H12} = \frac{439}{3.713} \times 134.780 = 15.935 \text{ Wh}$$

Con esta información se puede calcular la reducción de consumo y el excedente en cada periodo horario (Tabla 30), de la misma forma que se ha hecho en el caso anterior con referencia IDAE.

Tabla 30. Consumo, generación y excedentes de un día medio del mes de enero según PVGIS

Mes	Enero																							
Fecha	16/01/2019																							
Horario	Invierno												PRODUCCIONES DE UN DIA MEDIO EN Wh											
Potencia instalación (kW)	17,82 PG																							
PR	0,775																							
Hora	1	2	3	4	5	6	7	8	9	10	11	12	13	14	15	16	17	18	19	20	21	22	23	24	Suma Wh
	0-1	1-2	2-3	3-4	4-5	5-6	6-7	7-8	8-9	9-10	10-11	11-12	12-13	13-14	14-15	15-16	16-17	17-18	18-19	19-20	20-21	21-22	22-23	23-24	
Consumo (Wh)	1887	1559	1476	1469	1499	1409	1340	1335	1429	9783	9588	8509	7324	2871	2080	2172	3227	7449	11303	14378	17601	12190	3123	2864	129070
Pvsig, 39,5º, 30º, 30º																									
Irradiancia (W/m2)	0	0	0	0	0	0	0	0	0	43	182	347	494	587	603	545	411	264	26	0	0	0	0	0	3502
Generación (Wh)	0	0	0	0	0	0	0	0	0	582,3786	2464,951	4699,66	6690,583	7950,146	8166,845	7381,311	5566,456	3575,534	352,1359	0	0	0	0	0	47430
% irradiancia PVSIG	0,00	0,00	0,00	0,00	0,00	0,00	0,00	0,00	0,00	1,23	5,20	9,91	14,11	16,76	17,22	15,56	11,74	7,54	0,74	0,00	0,00	0,00	0,00	100	
Generación - consumo (Wh)	-1887	-1559	-1476	-1469	-1499	-1409	-1340	-1335	-1429	-9200,62	-7123,05	-3809,34	-633,417	5079,146	6086,845	5209,311	2339,456	-3873,47	-11560,9	-14973	-17601	-12190	-3123	-2864	100354,8
Consumo final (Wh)	1887	1559	1476	1469	1499	1409	1340	1335	1429	9200,621	7123,049	3809,34	633,4175	0	0	0	0	3873,466	11560,89	14973	17601	12190	3123	2864	28715,24
Reducción consumo (Wh)	0	0	0	0	0	0	0	0	0	582,3786	2464,951	4699,66	6690,583	2871	2080	2172	3227	3575,534	352,1359	0	0	0	0	0	28715,24
Excedentes (Wh)	0	0	0	0	0	0	0	0	0	0	0	0	0	5079,146	6086,845	5209,311	2339,456	0	0	0	0	0	0	0	18714,76

	Mes	Enero							
	Fecha	16/01/2019							
	Horario	Invierno	PRODUCCIONES DE UN DIA MEDIO EN Wh						
	Potencia instalación (kW)	17,82							
	PR	0,775							
	Hora	1	9	10	11	12	13	14	24	Suma Wh
		0-1	8-9	9-10	10-11	11-12	12-13	13-14	23-24	
	Consumo (Wh)	1887	1429	9783	9588	8509	7324	2871	2864	129070
	Pvsig, 39,5º, 30º, 30º									
	Irradiancia (W/m2)	0	0	43	182	347	494	587	0	3502
	Generación (Wh)	0	0	582,3786	2464,951	4699,66	6690,583	7950,146	0	47430
	% irradiancia PVSIG	0,00	0,00	1,23	5,20	9,91	14,11	16,76	0,00	100
	Generación - consumo (Wh)	-1887	-1429	-9200,62	-7123,05	-3809,34	-633,417	5079,146	-2864	Suma Wh
PVGIS	Consumo final (Wh)	1887	1429	9200,621	7123,049	3809,34	633,4175	0	2864	100354,8
	Reducción consumo (Wh)	0	0	582,3786	2464,951	4699,66	6690,583	2871	0	28715,24
	Excedentes (Wh)	0	0	0	0	0	0	5079,146	0	18714,76

De esta tabla se puede obtener la reducción de consumo en cada periodo horario y el excedente. Así para la hora 12 (11:45) de un día medio del mes de enero se tiene:

Consumo:	8.509 Wh
Generación:	4.699 Wh
Reducción consumo:	4.699 Wh
Excedentes:	0 Wh

Agrupando estos resultados de reducción de consumo y excedentes por periodos, P1, P2, P3, P4, P5 y P6, y multiplicando por el número de días del mes, se obtienen los valores de reducción de consumo y excedentes en los seis periodos. Es importante indicar que para los días del mes se ha utilizado el periodo de facturación y no los días naturales de cada mes.

Como los fines de semana el periodo es P6 y hay generación, se ha considerado una producción equivalente a 22 días en la generación punta y llano, quedando el resto de días del mes (fines de semana) en periodo valle P6.

Por ejemplo, para para un día medio del mes de enero en P1 se ha producido una reducción del consumo de 17.660,71 Wh, que multiplicados por 22 días, resulta una reducción del consumo de 388,54 kWh, que se trasladan a la nueva factura.

La tabla con los valores de IDAE y PVGIS es la siguiente:

Tabla 31. Consumo, generación y excedentes de un día medio del mes de enero. IDAE y PVGIS

Mes	Enero Días	31																						
Fecha	16/01/2019																							
Horario	Invierno	P					PRODUCCIONES DE UN DIA MEDIO EN Wh																	
Potencia instalación (kW)	17,82 PG																							
PR	0,775																							
Hora	1	2	3	4	5	6	7	8	9	10	11	12	13	14	15	16	17	18	19	20	21	22	23	24	Suma Wh
	0-1	1-2	2-3	3-4	4-5	5-6	6-7	7-8	8-9	9-10	10-11	11-12	12-13	13-14	14-15	15-16	16-17	17-18	18-19	19-20	20-21	21-22	22-23	23-24	
Consumo (Wh)	1887	1559	1476	1469	1499	1409	1340	1335	1429	9783	9548	8229	7124	2873	2080	2172	3227	7449	11913	14971	17601	12190	3123	2864	129070
Pvsig, 39,5º, 30º, 30º																									
Irradiancia (W/m2)	0	0	0	0	0	0	0	0	0	43	182	347	494	587	603	545	411	264	26	0	0	0	0	0	3502
Generación (Wh)	0	0	0	0	0	0	0	0	0	582,3786	2464,951	4699,66	6690,583	7950,146	8166,845	7381,311	5566,456	3575,534	352,1359	0	0	0	0	0	47430
% Irradiancia PVSIG	0,00	0,00	0,00	0,00	0,00	0,00	0,00	0,00	0,00	1,23	5,20	9,91	14,11	16,76	17,22	15,56	11,74	7,54	0,74	0,00	0,00	0,00	0,00	0,00	100
Generación - consumo (Wh)	1887	1559	1476	1469	1499	1409	1340	1335	1429	-9200,62	-7123,05	3809,34	-633,417	5079,146	6086,845	5209,311	2339,456	-3873,47	11560,9	14973	17601	12190	3123	2864	Suma Wh
Consumo final (Wh)	1887	1559	1476	1469	1499	1409	1340	1335	1429	9200,621	7123,049	3809,34	637,4175	0	0	0	0	3873,466	11560,86	14973	17601	12190	3123	2864	100354,8
Reducción consumo (Wh)	0	0	0	0	0	0	0	0	0	582,3786	2464,951	4699,66	6690,583	2873	2080	2172	3575,534	352,1359	0	0	0	0	0	0	28715,24
Excedentes (Wh)	0	0	0	0	0	0	0	0	0	0	0	0	0	5079,146	6086,845	5209,311	2339,456	0	0	0	0	0	0	0	18714,76
Factor Fto RD661	0,00	0,00	0,00	0,00	0,00	0,00	0,00	0,00	0,00	0,10	0,23	0,34	0,43	0,46	0,43	0,34	0,23	0,10	0,00	0,00	0,00	0,00	0,00	0,00	2,66
% Irradiancia RD661	0,00	0,00	0,00	0,00	0,00	0,00	0,00	0,00	0,00	3,76	8,65	12,78	16,17	17,29	16,17	12,78	8,65	3,76	0,00	0,00	0,00	0,00	0,00		100
Diferencia RD661-PVSIG	0,00	0,00	0,00	0,00	0,00	0,00	0,00	0,00	0,00	-2,53	-3,45	2,87	-2,06	-0,53	1,05	2,78	3,09	3,78	0,74	0,00	0,00	0,00	0,00		
Generación (Wh)	0	0	0	0	0	0	0	0	0	1256,015	2888,835	4270,451	5400,865	5777,669	5400,865	4270,451	2888,835	1256,015	0	0	0	0	0	0	33410
Generación - consumo (Wh)	1887	1559	1476	1469	1499	1409	1340	1335	1429	-8526,98	-6699,17	4238,55	-1923,14	2906,669	3320,865	2098,451	-338,165	-6192,98	11913	14973	17601	12190	3123	2864	Suma Wh
Consumo final (Wh)	1887	1559	1476	1469	1499	1409	1340	1335	1429	8526,985	6699,165	4238,549	1923,135	0	0	0	338,1654	8192,985	11913	14973	17601	12190	3123	2864	103986
Reducción consumo (Wh)	0	0	0	0	0	0	0	0	0	1256,015	2888,835	4270,451	5400,865	2873	2080	2172	2888,835	1256,015	0	0	0	0	0	0	25084,02
Excedentes (Wh)	0	0	0	0	0	0	0	0	0	0	0	0	0	2906,669	3320,865	2098,451	0	0	0	0	0	0	0	0	8325,985

8.3. *Análisis de la factura tras la instalación*

Referencia IDAE

Finalmente se construye la factura que para el mes de enero es:

Tabla 32. Factura enero tras instalación según IDAE

FACTURA ENERO-IDAE				
Dias	31/12/2021	31/01/2022	31	
Término de potencia	*Maximetro*	*A facturar*	*Precio (€/kW,a)*	*Total €*
P1	20	32,00	0,048184	47,8
P2	24	32,00	0,035388	35,1
P3		32,00	0,017152	17,01
P4		32,00	0,014592	14,48
P5		32,00	0,009736	9,66
P6	21	32,00	0,006221	6,17
Término de energía activa		**5992,17**		
P1 consumo		1612,00	0,247399	398,81
P1 generación reduccion		-367,12	0,247399	-90,82
P1 excedentes		-63,95	0,05	-3,20
P2 consumo		1389,00	0,232049	322,32
P2 generación reduccion		-184,73	0,232049	-42,87
P2 excedentes		-119,22	0,05	-5,96
P3		0,00		0,00
P4		0,00		0,00
P5		0,00		0,00
P6 consumo		4210,00	0,185035	779
P6 generación reducción		-225,76	0,185035	-41,77
P6 excedentes		-258,05	0,05	-12,90
Término de energía reactiva				
Energía reactiva		0,00	0,00	0,00
Descuento sobre consumo		1302,61	-0,05	-75,01
Impuesto de electricidad		1357,82	0,005	6,79
Alquiler equipos medida y control		0	0	0

Base imponible	1364,61
IVA 21%	286,57
Total factura	1651,18

Y finalmente se construye la tabla resumen del año.

Tabla 33. Factura después de la instalación con excedentes según IDAE

			CONSUMO DE RED (kWh)							GASTO (€)					
MES factura	Desde	Hasta	P1 cons	P2 cons	P3 cons	P4 cons	P5 cons	P6 cons	Suma cons	Potencia	Energía	Otros	Base	IVA	Total
Enero 2017	31/12/2021	31/01/2022	1.180,94	1.085,04	0,00	0,00	0,00	3.726,19	5.992,17	130,22	1302,61	-68,22	1364,61	286,57	1.651,18
Febrero 2017	31/01/2022	28/02/2022	1.003,17	917,53	0,00	0,00	0,00	2.972,56	4.893,26	117,61	1147,37	-51,92	1213,06	254,74	1.467,80
Marzo 2017	28/02/2022	31/03/2022	0,00	1.152,44	635,34	0,00	0,00	2.414,98	4.202,76	126,02	941,39	-42,60	1024,81	215,21	1.240,02
Abril 2017	31/03/2022	30/04/2022	0,00	0,00	0,00	440,56	1.023,50	5.718,79	7.182,85	109,84	1267,10	-55,26	1321,68	277,55	1.599,23
Mayo 2017	05/04/2017	04/05/2017	0,00	0,00	0,00	396,04	1.125,42	3.395,04	4.916,49	113,5	1081,20	-48,19	1146,51	240,77	1.387,28
Junio 2017	31/05/2022	31/05/2022	0,00	0,00	2.111,23	1.857,48	0,00	4.187,49	8.156,20	109,84	1557,90	-68,82	1598,92	335,77	1.934,69
Julio 2017	30/06/2022	31/07/2022	2.385,60	2.151,84	0,00	0,00	0,00	10.922,20	15.459,64	113,50	3039,24	-136,38	3016,36	633,44	3.649,80
Agosto 2017	31/07/2022	31/08/2022	0,00	0,00	3.316,74	3.314,27	0,00	6.674,44	13.305,46	113,5	2538,57	-113,16	2538,91	533,17	3.072,08
Septiembre 2017	31/08/2022	30/09/2022	0,00	0,00	3.370,64	3.383,56	0,00	6.772,60	13.526,80	109,84	2593,82	-114,05	2589,61	543,82	3.133,43
Octubre 2017	30/09/2022	31/10/2022	0,00	0,00	0,00	2.197,22	861,32	1.571,73	4.630,27	113,5	1081,57	-51,59	1143,48	240,13	1.383,61
Noviembre 2017	31/10/2022	30/11/2022	0,00	1.373,23	408,87	0,00	0,00	527,20	2.309,30	126,02	664,32	-28,48	761,86	159,99	921,85
Diciembre 2017	00/01/1900	00/01/1900	747,02	290,06	0,00	0,00	0,00	2.208,40	3.245,48	113,5	756,54	128,78	998,82	209,75	1.208,57
Sumas			2.385,60	6.970,14	9.842,82				87.820,69	1.396,89	17.971,63	-649,89	18.718,63	3930,91	22.649,54

Tabla 34. Factura antes de la instalación

			CONSUMO (kWh)							GASTO (€)					
MES factura	Desde	Hasta	P1	P2	P3	P4	P5	P6	Suma	Potencia	Energía	Otros	Base	IVA	Total
Enero 2017	31/12/2021	31/01/2022	1.612,00	1.389,00	0,00	0,00	0,00	4.210,00	7.211,00	130,22	1500,13	-67,23	1563,12	328,26	1.891,38
Febrero 2017	31/01/2022	28/02/2022	1.559,00	1.322,00	0,00	0,00	0,00	3.554,00	6.435,00	117,61	1350,08	-60,50	1407,19	295,51	1.702,70
Marzo 2017	28/02/2022	31/03/2022	0,00	1.864,00	1.167,00	0,00	0,00	3.296,00	6.327,00	126,02	1285,21	-57,53	1353,70	284,28	1.637,98
Abril 2017	31/03/2022	30/04/2022	0,00	0,00	0,00	1.268,00	1.518,00	4.035,00	6.821,00	109,84	1268,01	-55,66	1322,19	277,66	1.599,85
Mayo 2017	30/04/2022	31/05/2022	0,00	0,00	0,00	1.503,00	1.819,00	4.635,00	7.957,00	113,5	1479,47	-65,06	1527,91	320,86	1.848,77
Junio 2017	31/05/2022	30/06/2022	0,00	2.984,00	2.425,00	0,00	0,00	4.849,00	10.258,00	109,84	1963,61	-87,00	1986,45	417,15	2.403,60
Julio 2017	30/06/2022	31/07/2022	3.325,00	2.747,00	0,00	0,00	0,00	5.627,00	11.699,00	113,50	2415,90	-107,61	2421,79	508,58	2.930,37
Agosto 2017	31/07/2022	31/08/2022	0,00	0,00	4.220,04	3.868,93	0,00	7.379,35	15.468,33	113,5	2957,88	-132,13	2939,25	617,24	3.556,49
Septiembre 2017	31/08/2022	30/09/2022	0,00	0,00	4.220,04	3.868,93	0,00	7.379,35	15.468,33	109,84	2957,88	-130,31	2937,41	616,86	3.554,27
Octubre 2017	30/09/2022	31/10/2022	0,00	0,00	0,00	2.936,73	1.229,67	2.980,13	7.146,53	113,5	1343,28	-57,05	1399,73	293,94	1.693,67
Noviembre 2017	31/10/2022	30/11/2022	0,00	1.887,00	774,00	0,00	0,00	1.513,00	4.174,00	109,84	852,02	-31,21	930,65	195,44	1.126,09
Diciembre 2017	30/11/2022	31/12/2022	1.139,25	565,75	0,00	0,00	0,00	2.960,50	4.665,50	113,5	934,57	135,66	1183,73	248,58	1.432,31
Sumas			7.635,25	9.774,75	13.365,09				103.630,69	1.380,71	20.308,04	-715,63	20.973,12	4404,36	25.377,48

Con lo que se ha pasado de:

Antes: 20.973,12 € + IVA = 25.377,48 €

Después: 18.718,63 € + IVA= 22.649,54 €

Ahorro = 2.254,49 +IVA = 2.727,93 €/año

Referencia PVGIS

Finalmente se construye la factura que para el mes de enero es:

Tabla 35. Factura enero tras la instalación según PVGIS

FACTURA ENERO-PVGIS				
Dias	31/12/2021	31/01/2022		31
Término de potencia	Maximetro	A facturar	Precio (€/kW,a)	Total €
P1	20	32,00	0,048184	47,8
P2	24	32,00	0,035388	35,1
P3		32,00	0,017152	17,01
P4		32,00	0,014592	14,48
P5		32,00	0,009736	9,66
P6	21	32,00	0,006221	6,17
Término de energía activa		5740,67		
P1 consumo		1612,00	0,247399	398,81
P1 generación reduccion		-388,54	0,247399	-96,12
P1 excedentes		-111,74	0,05	-5,59
P2 consumo		1389,00	0,232049	322,32
P2 generación reduccion		-243,20	0,232049	-56,43
P2 excedentes		-299,98	0,05	-15,00
P3		0,00		0,00
P4		0,00		0,00
P5		0,00		0,00
P6 consumo		4210,00	0,185035	779
P6 generación reducción		-258,44	0,185035	-47,82
P6 excedentes		-168,43	0,05	-8,42
Término de energía reactiva				
Energía reactiva		0,00	0,00	0,00
Descuento sobre consumo		1270,75	-0,05	-75,01
Impuesto de electricidad		1325,96	0,005	6,63
Alquiler equipos medida y control		0	0	0
			Base imponible	1332,59
			IVA 21%	279,84
			Total factura	1612,43

Y finalmente se construye la tabla resumen del año.

Tabla 36. Factura después de la instalación con excedentes según PVGIS

			Factura tras reducción consumo por generación y por excedentes según PVGIS												
			CONSUMO DE RED (kWh)							GASTO (€)					
MES factura	Desde	Hasta	P1 cons	P2 cons	P3 cons	P4 cons	P5 cons	P6 cons	Suma cons	Potencia	Energía	Otros	Base	IVA	Total
Enero 2017	31/12/2021	31/01/2022	1.111,72	845,82	0,00	0,00	0,00	3.783,13	5.740,67	130,22	1270,75	-68,38	1332,59	279,84	1.612,43
Febrero 2017	31/01/2022	28/02/2022	921,52	755,86	0,00	0,00	0,00	3.225,74	4.903,12	117,61	1155,55	-52,29	1220,87	256,38	1.477,25
Marzo 2017	28/02/2022	31/03/2022	0,00	1.010,67	654,35	0,00	0,00	2.737,19	4.402,21	126,02	983,41	-44,50	1064,93	223,64	1.288,57
Abril 2017	31/03/2022	30/04/2022	0,00	0,00	0,00	313,26	1.039,76	3.429,48	4.782,50	109,84	954,63	-42,03	1022,44	214,71	1.237,15
Mayo 2017	05/04/2017	04/05/2017	0,00	0,00	0,00	396,04	1.125,42	3.395,04	4.916,49	113,5	1168,20	-51,62	1230,08	258,32	1.488,40
Junio 2017	31/05/2022	30/06/2022	0,00	0,00	2.040,71	1.743,07	0,00	4.198,13	7.981,90	109,84	1537,89	-67,99	1579,74	331,75	1.911,49
Julio 2017	30/06/2022	31/07/2022	2.392,73	2.041,76	0,00	0,00	0,00	10.982,99	15.417,48	113,50	3027,72	-135,86	3005,36	631,13	3.636,49
Agosto 2017	31/07/2022	31/08/2022	0,00	0,00	3.332,51	3.208,13	0,00	6.709,63	13.250,28	113,5	2535,22	-113,00	2535,72	532,50	3.068,22
Septiembre 2017	31/08/2022	30/09/2022	0,00	0,00	3.395,04	3.319,42	0,00	6.856,97	13.571,43	109,84	2598,46	-114,24	2594,06	544,75	3.138,81
Octubre 2017	30/09/2022	31/10/2022	0,00	0,00	0,00	2.176,44	796,86	2.480,94	5.454,24	113,5	1125,21	-53,62	1185,09	248,87	1.433,96
Noviembre 2017	31/10/2022	30/11/2022	0,00	1.341,86	282,50	0,00	0,00	1.136,04	2.760,40	126,02	679,70	-28,46	777,26	163,23	940,49
Diciembre 2017	30/11/2022	31/12/2022	639,85	83,73	0,00	0,00	0,00	3.941,92	4.665,50	113,5	905,04	131,25	1149,79	241,46	1.391,25
Sumas			2.392,73	6.079,70	9.705,10				87.846,22	1.396,89	17.941,78	-640,74	18.697,93	3926,58	22.624,51

Tabla 37. Factura antes de la instalación

			Factura antes de la instalación												
			CONSUMO (kWh)							GASTO (€)					
MES factura	Desde	Hasta	P1	P2	P3	P4	P5	P6	Suma	Potencia	Energía	Otros	Base	IVA	Total
Enero 2017	31/12/2021	31/01/2022	1.612,00	1.389,00	0,00	0,00	0,00	4.210,00	7.211,00	130,22	1500,13	-67,23	1563,12	328,26	1.891,38
Febrero 2017	31/01/2022	28/02/2022	1.559,00	1.322,00	0,00	0,00	0,00	3.554,00	6.435,00	117,61	1350,08	-60,50	1407,19	295,51	1.702,70
Marzo 2017	28/02/2022	31/03/2022	0,00	1.864,00	1.167,00	0,00	0,00	3.296,00	6.327,00	126,02	1285,21	-57,53	1353,70	284,28	1.637,98
Abril 2017	31/03/2022	30/04/2022	0,00	0,00	0,00	1.268,00	1.518,00	4.035,00	6.821,00	109,84	1268,01	-55,66	1322,19	277,66	1.599,85
Mayo 2017	30/04/2022	31/05/2022	0,00	0,00	0,00	1.503,00	1.819,00	4.635,00	7.957,00	113,5	1479,47	-65,06	1527,91	320,86	1.848,77
Junio 2017	31/05/2022	30/06/2022	0,00	0,00	2.984,00	2.425,00	0,00	4.849,00	10.258,00	109,84	1963,61	-87,00	1986,45	417,15	2.403,60
Julio 2017	30/06/2022	31/07/2022	3.325,00	2.747,00	0,00	0,00	0,00	5.627,00	11.699,00	113,50	2415,90	-107,61	2421,79	508,58	2.930,37
Agosto 2017	31/07/2022	31/08/2022	0,00	0,00	4.220,04	3.868,93	0,00	7.379,35	15.468,33	113,5	2957,88	-132,13	2939,25	617,24	3.556,49
Septiembre 2017	31/08/2022	30/09/2022	0,00	0,00	4.220,04	3.868,93	0,00	7.379,35	15.468,33	109,84	2957,88	-130,31	2937,41	616,86	3.554,27
Octubre 2017	30/09/2022	31/10/2022	0,00	0,00	0,00	2.936,73	1.229,67	2.980,13	7.146,53	113,5	1343,28	-57,05	1399,73	293,94	1.693,67
Noviembre 2017	31/10/2022	30/11/2022	0,00	1.887,00	774,00	0,00	0,00	1.513,00	4.174,00	109,84	852,02	-31,21	930,65	195,44	1.126,09
Diciembre 2017	30/11/2022	31/12/2022	1.139,25	565,75	0,00	0,00	0,00	2.960,50	4.665,50	113,5	934,57	135,66	1183,73	248,58	1.432,31
Sumas			7.635,25	9.774,75	13.365,09				103.630,69	1.380,71	20.308,04	-715,63	20.973,12	4404,36	25.377,48

Con lo que se ha pasado de:

Antes: 20.973,12 € + IVA = 25.377,48 €

Después: 18.697,93 € + IVA= 22.624,51 €

Ahorro = 2.275,19 +IVA = 2.752,98 €/año

8.4. *Circuito de corriente continua. Cableado y protecciones*

El circuito de corriente continua es el que une los paneles solares con el inversor trifásico que suele estar situado en la parte cubierta de la edificación.

Esquema

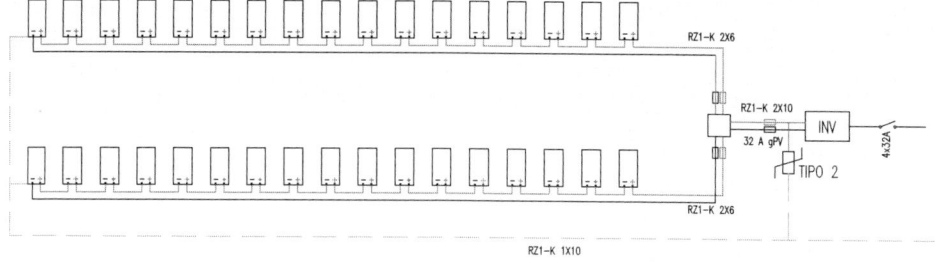

Figura 28. Esquema instalación con excedentes

A continuación, se expone la determinación de las líneas que unen en serie los módulos fotovoltaicos y la línea que parte del repartidor y termina en el inversor SMA de 15 kW.

Esta línea presenta una longitud de 25 m desde el repartidor junto a los paneles hasta el inversor y se suele instalar sin tubo de protección, fijados directamente sobre las estructuras y cerramientos, si bien también puede instalarse bajo tubo.

Según la ITC-BT-20, Apartado 2.2.2, estas instalaciones sin tubo de protección se construyen con cables 0,6/1 kV con cubierta. Además, la tensión del sistema es de 901,98 V por lo que se requiere este tipo de conductores.

La intensidad de continua será la suma de los tres circuitos serie. El módulo Atersa A-450M aporta una intensidad en el punto de máxima potencia de 10,85 A, por tanto, ésta es la intensidad esperada en cada serie de 17 módulos.

Para cada serie de 17 módulos, se elige un conductor unipolar de cobre aislado polietileno reticulado (XLPE), RZ1-K, de 6 mm^2 de sección, a instalar en montaje superficial directamente fijado sin tubo de protección, que presenta una intensidad admisible de 52 A (según Tabla C52, 1 bis de la norma HD60364, método de instalación C), superior a la intensidad nominal de 10,85 A calculada. Se marcará con color rojo el conductor polar y con color negro el compensador.

Tras unirse en el repartidor los dos circuitos, la intensidad de la línea saliente será:

I= 2×10,85=21,70 A < 33 A máximo

Se elige un conductor unipolar de cobre aislado polietileno reticulado (XLPE), RZ1-K, de 10 mm^2 de sección, a instalar en montaje superficial directamente fijado sin tubo de protección, que presenta una intensidad admisible de 72 A (según Tabla C52, 1 bis de la norma HD60364, método de instalación C), superior a la intensidad nominal de 21,70 A calculada. Se marcará con color rojo el conductor polar y con color negro el compensador.

En el mercado se encuentran cables diseñados para instalaciones fotovoltaicas con la coloración rojo - negro y los fabricantes aportan tablas con las intensidades admisibles. Un conductor muy utilizado es el denominado H1Z2Z2-K con aislamiento y cubierta de goma.

Tabla 38. Intensidades admisibles

Método de instalación / Sección mm² COBRE	2	3	4	5a	5b	6a	6b	7a	7b	8a	8b	9a	9b	10a	10b	11	12	13
Tabla C52,1 bis, HD 60364-5-52:2011 — Intensidades admisibles en amperios. Temperatura ambienta 40ºC en el aire. Conductores de cobre																		
Número de conductores cargados y tipo de aislamiento																		
A1	PVC3	PVC2						XLPE3		XLPE2								
A2	PVC3	PVC2		XLPE3			XLPE2											
B1			PVC3			PVC2				XLPE3				XLPE2				
B2		PVC3	PVC2							XLPE3	XLPE2							
C				PVC3						PVC2			XLPE3		XLPE2			
E						PVC3					PVC2			XLPE3		XLPE2		
F										PVC3				PVC2		XLPE3		XLPE2
1,5	11	11,5	12,5	13,5	14	14,5	15,5	16	16,5	17	17,5	19	20	20	20	21	23	–
2,5	15	15,5	17	18	19	20	20	21	22	23	24	26	27	26,5	28	30	32	–
4	20	20	22	24	25	26	28	29	30	31	32	34	36	36	38	40	44	–
6	25	26	29	31	32	34	36	37	39	40	41	44	46	46	49	52	52	–
10	33	36	40	43	45	46	49	52	54	54	57	60	63	65	68	72	78	–
16	45	48	53	59	61	63	66	69	72	73	77	81	85	87	91	97	104	–
25	59	63	69	77	80	82	86	87	91	95	100	103	108	110	115	122	135	146
35	–	–	–	95	100	101	106	109	114	119	124	127	133	137	143	153	168	182
50	–	–	–	116	121	122	128	133	139	145	151	155	162	167	174	188	204	220
70	–	–	–	148	155	155	162	170	178	185	193	199	208	214	223	243	262	282
95	–	–	–	180	188	187	196	207	216	224	234	241	252	259	271	298	320	343
120	–	–	–	207	217	216	226	240	251	260	272	280	293	301	314	350	373	397
150	–	–	–	–	–	247	259	276	289	299	313	322	337	343	359	401	430	458
185	–	–	–	–	–	281	294	314	329	341	356	368	385	391	409	460	493	523
240	–	–	–	–	–	330	345	368	385	401	419	435	455	468	489	545	583	617

Se indican como 3 los circuitos trifásicos y como 2 los monofásicos.
A efecto de las instensidades admisibles los cables con aislamiento termoplástico a base de poliolefina (Z1) son equivalentes a los cables con aislamiento

Las comprobaciones de diseño y protección del circuito, se pueden resumir en las siguientes cuatro condiciones:

1.- Protección del circuito, sobrecargas

Para cada serie se elige un fusible de 16 A tipo gPV de forma que, además de proteger los conductores protege a los módulos fotovoltaicos que presentan una intensidad máxima de 20 A.

$$10,85 < I_F = 16 < I_{adm} = 52 \text{ A protección conductor}$$

$$10,85 < I_F = 16 < I_{módulos} = 20 \text{ A protección módulos}$$

Es conveniente observar que el conductor no se sobrecargará en ningún caso dado que la intensidad del circuito de 10,85 A es muy inferior a la admisible del conductor, por tanto el fusible sólo protegerá a la cadena de módulos en caso de alta temperatura ambiente y alta irradiancia.

Dado que la mayor corriente se produce por una conexión accidental con el circuito de alterna, el fusible se colocará junto al repartidor, en el origen del circuito, de acuerdo con lo indicado en la ITC-BT-22, Apartado 1b.

En la línea colectora de 10 mm² se colocará un fusible de 32 A para proteger el inversor y la propia línea.

$21{,}70 < I_F = 32 < I_{adm} = 72$ A protección conductor

$21{,}70 < I_F = 32 < I_{inversor} = 33$ A protección inversor

Este fusible se colocará en el origen del circuito junto al inversor.

Si bien el reglamento no lo exige se recomienda colocar un fusible para el polo positivo y otro para el negativo.

2.- Caída de tensión (L=25 m hasta inversores)

Con cable de 10 mm², la caída de tensión para una longitud del circuito de 25 m, desde el cuadro, es de:

$$\Delta v(\%) = \frac{2 \times R \times I}{U} \times 100 = 2 \times \frac{L}{S \times C} \times \frac{I}{U} \times 100 = 2 \times \frac{25}{10 \times 56} \times \frac{21{,}70}{17 \times 41{,}5} \times 100 = 0{,}27\% < 1{,}5\%$$

La caída de tensión admisible para los cables de conexión viene determinada por el Apartado 5 de la ITC-BT-40 y queda establecida en el 1,5%.

3.- Protección contra cortocircuitos

La corriente de cortocircuito esperable en el circuito serie de 17 paneles es la intensidad de cortocircuito indicada por el fabricante del panel fotovoltaico para la temperatura esperable más alta, 50 °C para Valencia, obtenida anteriormente de 11,74 A.

La corriente de cortocircuito en una serie puede provenir de la parte de corriente alterna o bien de las otras series.

Esta corriente proveniente de otras series con lo que se obtiene:

$$I_{max} = I_{ccmax} \times N = 11{,}74 \times 1 = 11{,}74 \text{ A}$$

Esta intensidad de cortocircuito es inferior a la intensidad máxima admisible de los conductores de las series de 52 A (6 mm²), por lo que durante el tiempo que dura el cortocircuito hasta el disparo del fusible los conductores quedan protegidos.

$$11{,}74 < I_{adm} \text{ A protección conductor}$$

Además, estos fusibles servirán para el aislamiento de la serie situándose al inicio, si bien es siempre recomendable la colocación de un interruptor para cada serie.

Y también queda protegido el conductor de 10 mm² con intensidad admisible 72 A.

$$2 \times 11{,}74 = 23{,}42 < I_{adm} = 72 \text{ A condición protección}$$

El fusible de 32 A se situará junto al inversor, punto de inicio del peor cortocircuito alimentado por la instalación de corriente alterna y los fusible de 16 A al inicio de cada serie.

4.- Protección contra cortocircuitos (poder de corte P_c)

Se eligen fusibles gPV con un poder de corte de 10 kA, suficiente para proteger los circuitos, tanto las series como le línea colectora

$$P_c = 10 \text{ kA} > 11,74 \times 2 = 23,48 \text{ A} = I_{scmax}$$

5.- Tensión de utilización

Se eligen fusibles gPV de 1.000 V de tensión de utilización, valor superior a la máxima tensión de la instalación 901,68 V.

$$V_F = 1.000 > 901,68 \text{ V}$$

Compensador

El conductor compensador será igual al polar marcado con color negro.

Conductor de tierra

De acuerdo con lo indicado en el PCTred, Apartado 5.9, Todas las masas de la instalación fotovoltaica, tanto de la sección continua como de la alterna, estarán conectadas a una única tierra.

De acuerdo con la Tabla 2 de la ITC-BT-19, el conductor de protección tendrá la misma sección que el conductor de fase, al tener una sección inferior a 16 mm².

Tabla 39. Sección conductor de protección

Sección conductores de fase S (mm²)	Sección conductor protección S_p (mm²)
S≤16	S_p=S
16<S≤35	S_p=16
S>35	S_p=S/2

Se utilizará un conductor RZ1-K de 10 mm² de sección.

Conductor de protección

Se corresponde con el conductor de tierra

Tubo de protección

No se determina al tratarse de montaje superficial fijado directamente sobre la estructura.

Protección contactos directos e indirectos

La protección contra los contactos directos queda cubierta por la utilización de conductores aislados y cajas de conexiones cerradas.

La protección contra los contactos indirectos queda cubierta al utilizarse paneles fotovoltaicos y conductores con aislamiento doble o reforzado, clase II (ver Figura 4), de acuerdo con lo indicado en la Guía-BT-24, Apartado 4.2.

La norma UNE-EN 50618, "Cables eléctricos para sistemas fotovoltaicos", indica que estos cables son adecuados para ser utilizados en instalaciones y equipos de clase II, aunque los cables no se clasifiquen como tales, por lo que se recomienda la utilización de estos cables si bien el elegido RZ1-K no incumplen el reglamento.

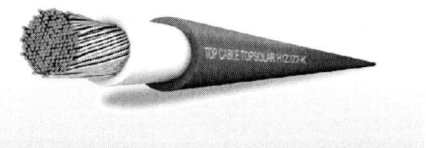

Figura 29. Cable solar. Fuente: Top Cable

Protector sobretensiones (SPD)

De acuerdo con lo indicado en la Guía-BT-40, Apartado 7, se recomienda instalar un protector de sobretensiones que derivará la corriente hacia la toma de tierra de los módulos fotovoltaicos que está unida a la toma de tierra de la instalación trifásica. Este protector de sobretensiones tiene como función proteger de las sobretensiones transitorias que provengan de una descarga eléctrica sobre los conductores de continua. Se trata de equipos especiales para las tensiones habituales en corriente continua de instalaciones fotovoltaicas. Se situará en la parte cubierta, junto al inversor.

La Guía-BT-23, Apartado 4, indica que, en general, se puede lograr la protección de la instalación mediante un dispositivo Tipo 2, instalado lo más cerca posible del origen de la instalación, en este caso, junto al inversor.

Como la tensión máxima de trabajo de la instalación es de 901,68 V, se elige un protector de sobretensiones de 1.000 V.

Figura 30. Protector de sobretensiones corriente continua

En el mercado se pueden encontrar protectores de sobretensiones con desconexión de la carga mediante fusibles o bien protectores que limitan la tensión residual de la carga a valores admisibles.

El inversor elegido SMA, Sony Tripower 15000TL de 15 kW, incorpora un protector de sobretensiones de tipo 2.

Conclusión

Una solución es:

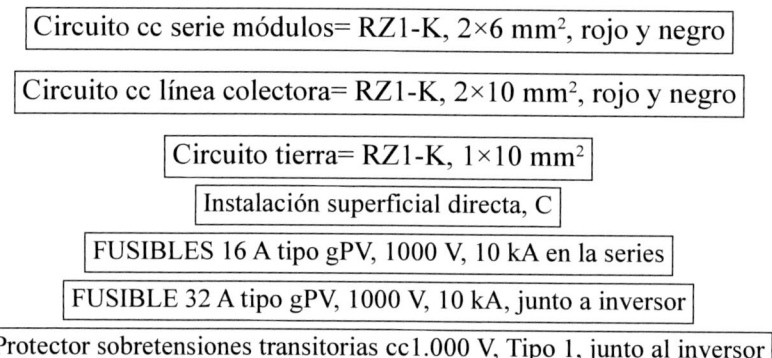

Circuito cc serie módulos= RZ1-K, 2×6 mm², rojo y negro

Circuito cc línea colectora= RZ1-K, 2×10 mm², rojo y negro

Circuito tierra= RZ1-K, 1×10 mm²

Instalación superficial directa, C

FUSIBLES 16 A tipo gPV, 1000 V, 10 kA en la series

FUSIBLE 32 A tipo gPV, 1000 V, 10 kA, junto a inversor

Protector sobretensiones transitorias cc1.000 V, Tipo 1, junto al inversor

8.5. Circuito de corriente alterna. Cableado y protecciones

Esquema

El esquema general de conexión que se elige se corresponde con el esquema 8 de la Guía-BT-40, Apartado 4.3.

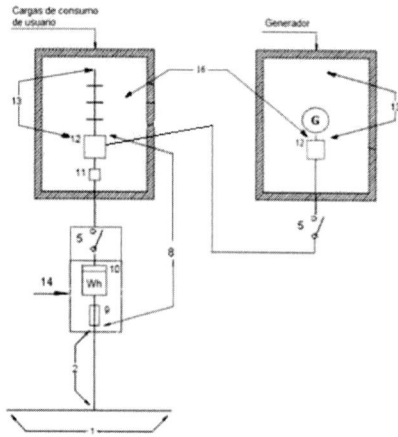

Figura 31. Esquema 8

A continuación, se expone la determinación de circuito de alterna que se corresponde con el inversor SMA de 15 kW de potencia.

El circuito trifásico presenta una longitud de 5 m desde el inversor hasta la conexión a la instalación interior junto al cuadro de protección y mando, CGPM.

Según la ITC-BT-26 (aplicable a viviendas o análogos), los conductores a utilizar en los circuitos interiores, tres por fase, uno de neutro y uno de protección, serán de cobre y aislados, siendo su tensión asignada 450/750 kV.

Un centro deportivo es un local de pública concurrencia de acuerdo con el Apartado 1 de la ITC-BT-28. De acuerdo con lo indicado en el Apartado 4.f de esta instrucción técnica, los conductores serán no propagadores del incendio (AS) y con emisión de humos y opacidad reducida (Z1).

Es importante observar que no se indica que los conductores deban ser unipolares como sucede en las instalaciones de enlace.

La intensidad es, con factor de potencia 1 por no haber motores:

$$I = \frac{P}{\sqrt{3} \times U_F \times \cos\phi} = \frac{15.000}{\sqrt{3} \times 400 \times 1} = 21,65 \text{ A}$$

Según el Apartado 5 de la ITC-BT-40 los cables de conexión deberán estar dimensionados para una intensidad no inferior al 125% de la máxima intensidad del generador.

La intensidad mayorada un 125% es:

$$I^* = 1,25 \times 21,65 = 27,06 \text{ A}$$

Se elige un cable unipolar de cobre aislado PVC, H07Z1-K(AS), de 10 mm² de sección, a instalar bajo tubo a empotrar en pared (B1), que presenta una intensidad admisible de 43 A (según Tabla C52, 1 bis de la norma HD60364), superior a la intensidad nominal de 27,06 A calculada.

Tabla 40. Intensidades admisibles

Tabla C52,1 bis, HD 60364-5-52:2011																		
Intensidades admisibles en amperios. Temperatura ambiente 40ºC en el aire. Conductores de cobre																		
Método de instalación	Número de conductores cargados y tipo de aislamiento																	
A1		PVC3	PVC2				XLPE3		XLPE2									
A2	PVC3	PVC2			XLPE3		XLPE2											
B1				PVC3		PVC2				XLPE3				XLPE2				
B2			PVC3	PVC2				XLPE3	XLPE2									
C					PVC3			PVC2			XLPE3			XLPE2				
E						PVC3				PVC2			XLPE3		XLPE2			
F							PVC3				PVC2		XLPE3		XLPE2			
1	2	3	4	5a	5b	6a	6b	7a	7b	8a	8b	9a	9b	10a	10b	11	12	13

(Tabla 40, continúa en la página siguiente)

(Tabla 40, continúa de la página anterior)

1	2	3	4	5a	5b	6a	6b	7a	7b	8a	8b	9a	9b	10a	10b	11	12	13
Sección mm² COBRE																		
1,5	11	11,5	12,5	13,5	14	14,5	15,5	16	16,5	17	17,5	19	20	20	20	21	23	–
2,5	15	15,5	17	18	19	20	20	21	22	23	24	26	27	26,5	28	30	32	–
4	20	20	22	24	25	26	28	29	30	31	32	34	36	36	38	40	44	–
6	25	26	29	31	32	34	36	37	39	40	41	44	46	46	49	52	52	–
10	33	36	40	43	45	46	49	52	54	54	57	60	63	65	68	72	78	–
16	45	48	53	59	61	63	66	69	72	73	77	81	85	87	91	97	104	–
25	59	63	69	77	80	82	86	87	91	95	100	103	108	110	115	122	135	146
35	–	–	–	95	100	101	106	109	114	119	124	127	133	137	143	153	168	182
50	–	–	–	116	121	122	128	133	139	145	151	155	162	167	174	188	204	220
70	–	–	–	148	155	155	162	170	178	185	193	199	208	214	223	243	262	282
95	–	–	–	180	188	187	196	207	216	224	234	241	252	259	271	298	320	343
120	–	–	–	207	217	216	226	240	251	260	272	280	293	301	314	350	373	397
150	–	–	–	–	–	247	259	276	289	299	313	322	337	343	359	401	430	458
185	–	–	–	–	–	281	294	314	329	341	356	368	385	391	409	460	493	523
240	–	–	–	–	–	330	345	368	385	401	419	435	455	468	489	545	583	617

Se indican como 3 los circuitos trifásicos y como 2 los monofásicos.
A efecto de las instensidades admisibles los cables con aislamiento termoplástico a base de poliolefina (Z1) son equivalentes a los cables con aislamiento

Las comprobaciones de diseño y protección del circuito, se pueden resumir en las siguientes cuatro condiciones:

1.- Protección contra sobrecarga del conductor, se elige un PIA a la salida del inversor de 32 A y otro PIA igual en el cuadro general de protección y mando, CGPM

$$27,06 < I_p = 32 < I_{adm} = 43 \text{ A}$$

2.- Caída de tensión (L=5 del inversor al CGPM)

Con cable de 10 mm², la caída de tensión para una longitud del circuito de 5 m, desde el cuadro, es de:

$$\Delta v(\%) = \frac{P \times L}{S \times C \times U^2} \times 100 = \frac{15.000 \times 5}{10 \times 56 \times 400^2} \times 100 = 0,08 < 1,5\%$$

La caída de tensión admisible para los cables de conexión viene determinada por el Apartado 5 de la ITC-BT-40 y queda establecida en el 1,5%.

3.- Protección contra cortocircuitos (condición de disparo del PIA)

La I_{cc} es la menor corriente de cortocircuito que se puede presentar en el circuito que empieza en el inversor y termina en el cuadro de mando y protección de la instalación interior, CGPM. La potencia de la red es muy superior a la potencia del inversor, por tanto, si se produce un cortocircuito estará alimentado desde la red, así, la menor corriente de cortocircuito se presentará en el punto más alejado de la red, es decir, en el punto donde se instala el inversor. Esta corriente de cortocircuito debe ser detectada y despejada por el PIA de cabeza del circuito situado en el CGPM.

El cortocircuito no puede ser alimentado sólo por la instalación de generación porque el inversor impide el funcionamiento en isla, en cumplimiento de la legislación vigente.

Según esto, se considera como origen o punto de alimentación del cortocircuito la CGP, según el Anexo III de la Guía de Aplicación del Reglamento, desde donde puede provenir mayor potencia.

Se obtiene considerando la resistencia desde la CGP, hasta el punto donde se sitúa el PIA, según Anexo III de la Guía-BT.

Considerando una derivación individual DI de 50 mm² de 30 m, la corriente de cortocircuito es:

$$\text{Icc} = \frac{0{,}8 \times U_{FN}}{L \times R} = \frac{0{,}8 \times 230}{30 \times \dfrac{2}{56 \times 50} + 5 \times \dfrac{2}{56 \times 10}} = 4.683 \text{ A}$$

cumpliéndose la condición

$$10\,I_p = 10 \times 32 = 320 < 4.683 \text{ A} = I_{cc}$$

con lo que queda garantizado el disparo del PIA en todos los casos.

4.- Protección contra cortocircuitos (poder de corte P_c)

La I_{cc} se calcula para el punto donde está situado el equipo de protección, en este caso el interruptor PIA del cuadro CGPM, cuyo valor es:

$$\text{Icc} = \frac{0{,}8 \times U_{FN}}{L \times R} = \frac{0{,}8 \times 230}{30 \times \dfrac{2}{56 \times 50}} = 8.586 \text{ A}$$

En el PIA situado junto al inversor la intensidad de cortocircuito es de 4.683 A, calculada antes.

Se eligen un PIA con un poder de corte de 10 kA para el situado junto al inversor y un PIA de 6 kA para el situado en el CGPM, suficiente para proteger el circuito.

Conductor neutro

De acuerdo con lo indicado en la ITC-BT-19, Apartado 2.2.2, en instalaciones interiores, la sección del conductor neutro será como mínimo igual a la de las fases.

Conductor de protección

De acuerdo con la Tabla 2 de la ITC-BT-19, el conductor de protección tendrá la misma sección que el conductor de fase, al trabajar con secciones inferiores a 16 mm².

Tabla 41. Sección del conductor neutro

Sección conductores de fase S (mm^2)	Sección conductor protección S$_p$ (mm^2)
S≤16	S$_p$=S
16<S≤35	S$_p$=16
S>35	S$_p$=S/2

Tubo de protección

De acuerdo con lo indicado en la ITC-BT-21, Apartado 1.2.2, para conductores bajo tubo en canalizaciones empotradas, Tabla 3, los tubos serán de tipo flexible código 2221 y no propagadores de la llama.

El diámetro del tubo de protección se obtiene de la Tabla 5 de la Guía-BT-21 (canalización empotrada). Del inversor trifásico sale un circuito formado por cinco conductores, tres fases, neutro y protección, por tanto, el diámetro será 32 mm.

Tabla 42. Tubo de protección

Tabla 5, ITC-BT-21, canalizaciones empotradas				
Diámetros exteriores mínimos de los tubos				
Sección nominal conductores	Diámetros exterior de los tubos (mm)			
	1	2	3	4	5
1,5	12	12	16	16	20
2,5	12	16	20	20	20
4	12	16	20	20	25
6	12	16	25	25	25
10	16	25	25	32	32
16	20	25	32	32	40
25	25	32	40	40	50
35	25	40	40	50	50
50	32	40	50	50	63
70	32	50	63	63	63
95	40	50	63	75	75
120	40	63	75	75	–
150	50	63	75	–	–
185	50	75	–	–	–
240	63	75	–	–	–

Protección contactos directos

La protección contra los contactos directos queda cubierta por la utilización de conductores aislados y cajas de conexiones cerradas.

Interruptor diferencial (protección contactos indirectos)

Junto al interruptor automático se instalará un interruptor diferencial para la protección contra contactos indirectos con una intensidad igual o superior a la del interruptor elegido.

Si bien la ITC-BT-40 en vigor no indica características del interruptor diferencial, la propuesta de nueva redacción que prepara el Ministerio prevé que sea inmunizado (tipo A, B o F) y con una sensibilidad inferior o igual a 30 mA en instalaciones en viviendas, o instalaciones accesibles al público general en zonas residenciales, o análogas.

Se puede ubicar junto al inversor o en el CGPM de la instalación interior.

Una solución es la colocación de dos interruptores diferenciales de 4×40 A, 30 mA, tipo A.

Protector sobretensiones (SPD)

De acuerdo con lo indicado en la Guía-BT-40, Apartado 7, se recomienda instalar un protector de sobretensiones que derivará la corriente hacia la toma de tierra de los módulos fotovoltaicos que está unida a la toma de tierra de la instalación trifásica. Este protector de sobretensiones tiene como función proteger de la sobretensiones transitorias y permanentes que provengan de la red eléctrica.

Se puede elegir un interruptor automático de 4×32 A con el protector de sobretensiones incorporado pero, en este caso, sólo protegería el circuito de generación. Dado que se debe colocar este equipo, es recomendable colocarlo junto al interruptor general automático (IGA) para proteger toda la instalación.

En el mercado se pueden encontrar interruptores automáticos con el protector de sobretensiones incorporado.

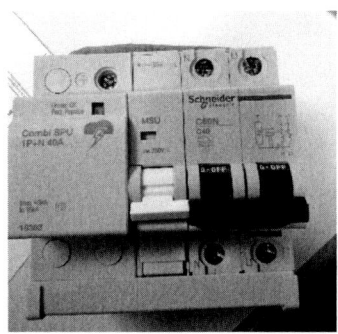

Figura 32. Protector de sobretensiones con IGA incorporado

De acuerdo con lo indicado en la Guía-BT-40, Apartado 4, en general, se puede lograr la protección de la instalación mediante un dispositivo Tipo 2 instalado lo más cerca posible del origen de la instalación interior, en el cuadro de distribución principal, aguas arriba del IGA.

La guía también indica que el protector de sobretensiones se situará entre el IGA y el interruptor diferencial.

Conclusión

Una solución es:

> Circuito generación TCP = H07Z1-K(AS), 4×10+10 mm², Φ=32 mm 2221 np llama

> Instalación bajo tubo empotrado en obra, B1

> PIA 4×32 A, 6 kA junto al inversor

> PIA 4×32 A, 10 kA em CGPM

> DIF 4×40, 30 mA, tipo A, junto a inversor

> Protección de sobretensiones tipo 2, en CGPM

Con el siguiente esquema resultante:

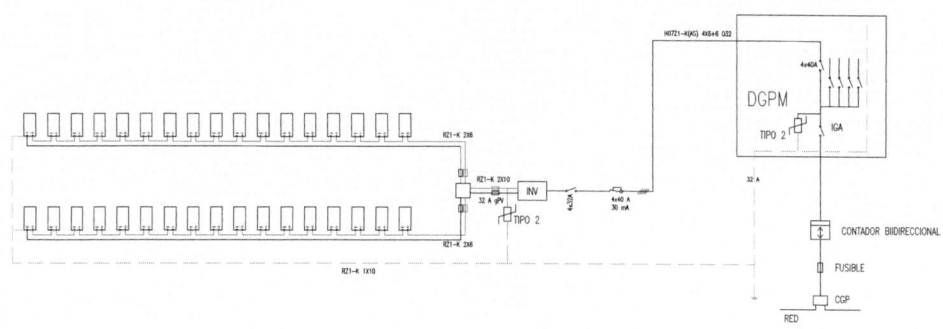

Figura 33. Esquema de la instalación con excedentes

8.6. *Equipo anti-vertido*

El inversor SMA elegido ya incorpora un equipo anti-vertido, si bien no será activado puesto que se opta por la modalidad de autoconsumo con excedentes.

8.7. *La medida. Contador*

De acuerdo con lo indicado en Artículo 7 del RD 1110/2007, por el que se aprueba el Reglamento Unificado de Puntos de Medida del Sistema Eléctrico (RUPM), a la instalación de consumo existente le corresponde un punto de medida tipo 4, por ser la potencia contratada (32 kW), superior a 15 kW e inferior a 50 kW.

De acuerdo con lo indicado en el RD244/2019, Artículo 10, Apartado 2, con carácter general los consumidores acogidos a cualquier modalidad de autoconsumo deberán disponer de un equipo de medida bidireccional en el punto frontera.

Una instalación de generación de 15 KW sin autoconsumo exigiría un contador tipo 5, de acuerdo con lo indicado en el Artículo 7 del RUPM (P ≤ 15 KVA), pero al estar asociada a una instalación de consumo con punto de medida tipo 4, el contador a colocar será de tipo 4 (más exigente).

Contador bidireccional tipo 4

En cualquier caso, lo habitual es que el contador se contrate con la compañía distribuidora en régimen de alquiler.

9. Presupuesto

9.1. *Presupuesto sin excedentes*

El presupuesto de la instalación de 5 kW sin excedentes es el siguiente:

Tabla 43. Presupuesto sin excedentes

		PRESUPUESTO			
		Descripción			
1	Ud	Módulo fotovoltaico Atersa modelo A-330-P GS, completamente instalado y conectado			
		Comentario	medición	precio	importe
		Módulos fotovoltaicos	12		
		suma	12	150,00	1.800,00
2	Ud	Inversor trifásico Fronius Symo 5.0-3-M de 5 kW			
		Comentario	medición	precio	importe
		Inversor	1		
		suma	1	1.225,00	1.225,00
3	Ud	P.A. Protecciones y antivertido			
		Comentario	medición	precio	importe
		Cuadro de inversor, PIA, Diferencial, protector sobretensiones tipo 2 CC, montado según planos	1	300,00	
		Adecuación CGPM, PIA, Diferencial, protector sobretensiones tipo 2 CA, montado según planos	1	300,00	
		Equipo antivertido	1	410,00	
		suma	1	1.010	1.010,00
4	MI	Circuito formado por conductores unipolares aislados RZ1-K 2x6			
		Comentario	medición	precio	importe
		Interconexión módulos	25		
		suma	25	12,00	300,00
5	MI	Circuito formado por conductores unipolares aislados H07Z1-K (AS) 4x6+6			
		Comentario	medición	precio	importe
		Conexión alterna	5		
		suma	5	8,00	40,00
6	MI	Conductor unipolar aislado RZ1-K 1x6			
		Comentario	medición	precio	importe
		Conductor de tierra	25		
		suma	25	29,00	725,00
		TOTAL PRESUPUESTO EJECUCION MATERIAL			5.100,00

9.2. Presupuesto con excedentes

El presupuesto de la instalación de 15 kW con excedentes es el siguiente:

Tabla 44. Presupuesto instalación con excedentes

		PRESUPUESTO			
		Descripción			
1	Ud	Módulo fotovoltaico Atersa modelo A-330-P GS, completamente instalado y conectado			
		Comentario	medición	precio	importe
		Módulos fotovoltaicos	34		
		suma	34	150,00	5.100,00
2	Ud	Inversor trifásico SMA Suny Tripower 15000TL de 15 kW			
		Comentario	medición	precio	importe
		Inversor	1		
		suma	1	3.500,00	3.500,00
3	Ud	P.A. Protecciones			
		Comentario	medición	precio	importe
		Cuadro de inversor, PIA, Diferencial, protector sobretensiones tipo 2 CC, montado según planos	1		
		Adecuación CGPM, PIA, Diferencial, protector sobretensiones tipo 2 CA, montado según planos	1		
		suma	1	1.090	1.090,00
4	MI	Circuito formado por conductores unipolares aislados RZ1-K 2x6			
		Comentario	medición	precio	importe
		Interconexión módulos	55		
		suma	55	12,00	660,00
5	MI	Circuito formado por conductores unipolares aislados RZ1-K 4x10+10			
		Comentario	medición	precio	importe
		Conexión alterna	5		
		suma	5	10,00	50,00
6	MI	Conductor unipolar aislado RZ1-K 1x10			
		Comentario	medición	precio	importe
		Conductor de tierra	35		
		suma	35	29,00	1.015,00
		TOTAL PRESUPUESTO EJECUCION MATERIAL			11.415,00

10. Análisis económico

10.1. Análisis económico sin excedentes

Con la información obtenida en apartados anteriores se puede realizar un análisis económico básico de la inversión.

Considerando una generación en periodos punta, el tiempo de retorno sería algo superior.

Inversión = 5.100,00 + IVA = 6.171 €

Ahorro = 1.591,33+iva = 1.925,52 €/año

Gasto anual de mantenimiento = 100 + IVA = 121,00 €

Tiempo de retorno = 3,58 años

Considerando una generación en periodo llano, llano, el tiempo de retorno sería algo superior.

Inversión = 5.100,00 + IVA= 6.171,00 €

Ahorro = 1.630,12 + IVA = 1.792,46 €

Gasto anual de mantenimiento = 100 + IVA = 121,00 €

Tiempo de retorno = 3482 años

por lo que se puede considerar un periodo de retorno en torno a los 4 años.

10.2. *Análisis económico con excedentes, referencia IDAE*

Con una instalación de 15 kW el resultado es el siguiente:

Inversión = 11.415,00 + IVA = 13.812,15 €

Ahorro = 2.254,49 + IVA = 2.727,93 €

Gasto anual mantenimiento = 150,00 + IVA = 181,50 €

Tiempo de retorno = 5,42 años

10.3. *Análisis económico con excedentes, referencia PVGIS*

Con una instalación de 15 kW el resultado es el siguiente:

Inversión = 11.415,00 + IVA = 13.812,15 €

Ahorro = 2.275,19 + IVA = 2.752,98 €

Gasto anual mantenimiento = 150,00 + IVA = 181,50 €

Tiempo de retorno = 5,37 años

Resultado coincidente con el obtenido a partir de datos de IDAE.

Por lo que se llega a la conclusión de que en el caso estudiado el tiempo de retorno de la instalación sin excedentes es un año inferior al caso con excedentes.

A este se debe añadir que los precios de la energía corresponden al año 2022, que ha presentado unos valores anormalmente altos. Si se trabaja con precios de la energía medios a futuro (punta 0.11 €/kWh, llano 0.09 €/kWh), el tiempo de retorno aumenta considerablemente hasta alcanzar unos 7 años.

10.4. *Venta de excedentes*

Para las instalaciones con excedentes acogidas compensación en precio es el establecido por el mercado, PMD, que puede estimarse en un valor medio anual de 50 €/MWh.

Para instalaciones con excedentes no acogidas a compensación, al precio del mercado hay que descontarle el coste del peaje de generación (0,5 €/MWh) y el coste por representación en el mercado, que puede estimarse en 0,6 €/MWh, con lo cual el precio estimado de venta de la energía está en torno a 50-0,5-0,6=48,9 €/MWh.

De acuerdo con lo indicado en el Artículo 14 del RD 244/2019, en ningún caso, el valor económico de la energía horaria excedentaria podrá ser superior al valor económico de la energía horaria consumida de la red en el periodo de facturación, el cual no podrá ser superior a un mes.

11. Esquema de conexión

11.1. Instalación sin excedentes

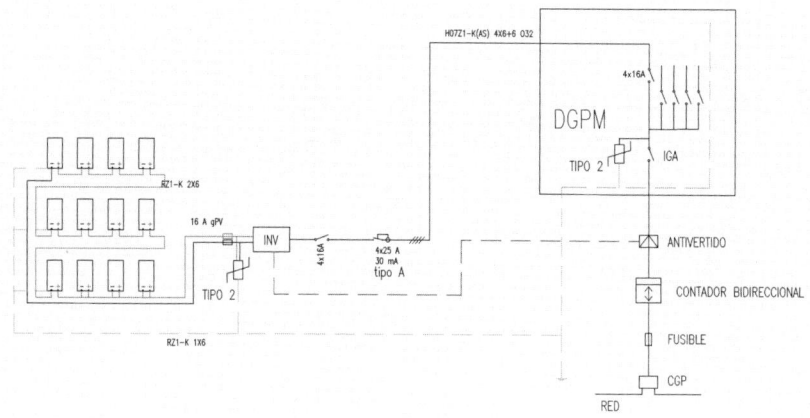

Figura 34. Esquema de la instalación sin excedentes

11.2. Instalación con excedentes

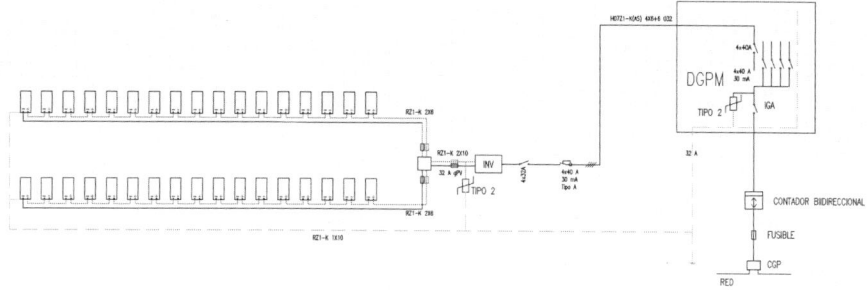

Figura 35. Esquema de la instalación con excedentes

12. Legalización

12.1. *Permisos y documentos*

Proyecto/MTD

De acuerdo con lo establecido en la ITC-BT-04 del Reglamento Electrotécnico de Baja Tensión, aparatado 3.1, las instalaciones de generación con potencia superior a 10 kW requieren proyecto. El resto de instalación sólo requiere una Memoria Técnica de Diseño MTD.

De acuerdo con lo indicado en la disposición final tercera del RD1183/2020, que modifica el RD244/2019, la potencia instalada será la menor de entre las dos siguientes:

a) la suma de las potencias máximas unitarias de los módulos fotovoltaicos que configuran dicha instalación, medidas en condiciones estándar según la norma UNE correspondiente. b) la potencia máxima del inversor o, en su caso, la suma de las potencias de los inversores que configuran dicha instalación.

De acuerdo con lo indicado en el Apartado 3.h del Real Decreto 244/2019, para instalaciones fotovoltaicas la potencia instalada será la menor de entre las dos siguientes:

a) la suma de las potencias máximas unitarias de los módulos fotovoltaicos que configuran dicha instalación, medidas en condiciones estándar según la norma UNE correspondiente.

b) la potencia máxima del inversor o, en su caso, la suma de las potencias de los inversores que configuran dicha instalación.

Industria

La legalización de la instalación se realizará de acuerdo con lo indicado en la ITC-BT-04, el RD1699/2011 y el RD244/2019 de autoconsumo.

Una vez ejecutada la obra, se procede a la presentación de la documentación en la administración competente. Los impresos a presentar, en el caso concreto que se estudia, son los siguientes:

1) Comunicación de instalaciones de generación eléctrica conectadas en baja tensión, destinadas a autoconsumo (impreso COMUBTAC).

2) Certificado de Dirección y Terminación de Obra de instalaciones eléctricas en baja tensión (impreso CERINSBT) si se requiere proyecto.

3) Certificado de instalación eléctrica en baja tensión, Instalación de generación eléctrica destinada a autoconsumo (impreso CERTACEN).

4) Proyecto o Memoria Técnica de Diseño, MTD.

5) Justificación cumplimiento reglamentación y protección funcionamiento en isla.

6) Evaluación de la conformidad del sistema anti-vertido si se instala este equipo.

Tras la presentación y revisión de la documentación, la administración hace entrega del certificado de la instalación.

Además, respecto a los consumidores asociados a esa instalación cuya potencia instalada sea inferior a 100 kW, realizará la inscripción de oficio en el Registro administrativo de autoconsumo de energía eléctrica, así como la comunicación de oficio a la empresa distribuidora de que se van a acoger a autoconsumo.

En el resto de casos es el consumidor asociado quien deberá dirigirse a la compañía eléctrica (comercializadora o distribuidora) para la modificación del contrato de suministro eléctrico.

Estos trámites suelen poder hacerse de forma presencial y telemática con firma electrónica. En cada lugar habrá que consultar la forma de la tramitación.

Los impresos oficiales pueden variar entre las comunidades autónomas.

Inspecciones

Estas instalaciones de generación eléctrica no se encuentran dentro del Apartado 4.1 de la ITC-BT-05, en donde se relacionan las instalaciones que están sometidas a inspección inicial ni en el Apartado 4.2 en donde se indican las instalaciones que están sometidas a inspección periódica.

Ahora bien, la instalación se considera como local mojado por estar a la intemperie según el Apartado 2 de la ITC-BT-30 y se exigiría inspección a partir de 25 kW.

Registro autoconsumo, RADNE

El Artículo 9, Apartado 4, de la Ley 24/2013, del Sector Eléctrico, establece que los consumidores acogidos a las modalidades de autoconsumo de energía eléctrica tendrán la obligación de inscribirse en el registro administrativo de autoconsumo de energía eléctrica.

El Artículo 20 del Real Decreto 244/2019, indica que para aquellos sujetos consumidores que realicen autoconsumo, conectados en baja tensión, en los que la instalación de generación sea de baja tensión y la potencia instalada de generación sea menor de 100 kW, la inscripción en el registro de autoconsumo se llevará a cabo de oficio por las comunidades autónomas en sus respectivos registros a partir de la información remitida a las mismas en virtud del Reglamento Electrotécnico de Baja Tensión.

Dado que la inscripción es de oficio, en la documentación aportada, MTD o proyecto, se deberá indicar la modalidad de autoconsumo, de forma que se pueda inscribir la instalación en la sección correspondiente del registro (Artículo 19.3 del RD 244/2019).

En el resto de casos, potencia igual o superior a 100 kW o alta tensión, se deberá solicitar la inscripción en el registro de autoconsumo.

Registro de producción, RAIPEE

De acuerdo con lo indicado en el Artículo 9.3 de la Ley 24/2014 del Sector Eléctrico, las instalaciones de producción no superiores a 100 kW de potencia asociadas a modalidades de suministro con autoconsumo con excedentes estarán exentas de la obligación de inscripción en el registro administrativo de instalaciones de producción de energía eléctrica, RAIPEE.

En las instalaciones sin excedentes se considera que el sujeto es consumidor de energía de acuerdo con lo indicado en el Artículo 6 de la citada ley del sector eléctrico y por tanto no tiene que estar inscrita la instalación en el RAIPEE.

Permiso de acceso y conexión

El Artículo 7, apartado i, del Real Decreto 244/2019, indica que las instalaciones de generación de los consumidores acogidos a la modalidad de autoconsumo sin excedentes, estarán exentas de obtener permisos de acceso y conexión.

En el apartado ii del citado artículo, se añade que, en las modalidades de autoconsumo con excedentes, las instalaciones de producción de potencia igual o inferior a 15 kW que se ubiquen en suelo urbanizado que cuente con las dotaciones y servicios requeridos por la legislación urbanística, estarán exentas de pedir permisos de acceso y conexión.

En caso de que la potencia superara los 15 kW el procedimiento para la obtención de los permisos de acceso y conexión se regirá por lo establecido en el Real Decreto 1699/2011, de 18 de noviembre, por el que se regula la conexión a red de instalaciones de producción de energía eléctrica de pequeña potencia si no se superan los 100 kW.

En caso de superarse la potencia de 100 kW se debe seguir el procedimiento de acceso establecido en el Real Decreto 1955/2000.

Código de Autoconsumo CAU

El CAU viene definido en formato A1, de la CNMC, de los ficheros de intercambio de información entre comunidades y ciudades autónomas y distribuidores para la remisión de información sobre el autoconsumo de energía eléctrica, aprobado por Resolución de 13 de noviembre de 2019, por la que se aprueba el formato de los ficheros de intercambio de información entre Comunidades y Ciudades con estatuto de autonomía y distribuidores para la remisión de información sobre el autoconsumo de energía eléctrica, publicada en el Anuncio de la CNMC, BOE de 23 de noviembre de 2019.

El citado fichero A1 define el CAU como un código que identifica unívocamente a la instalación de autoconsumo y que relaciona todos los puntos de consumo y de generación asociados a la misma.

El distribuidor eléctrico es el encargado de generar y proporcionar este código de autoconsumo que seguirá la siguiente estructura.

La estructura será la del Código Unificado de Punto de Suministro (CUPS) definido en los procedimientos de operación del sistema más la letra "A" + "3 dígitos numéricos".

En el caso de los autoconsumos individuales el CAU será el código del CUPS de consumo + "A000".

En el caso de los autoconsumos colectivos el CAU será uno de los CUPS asociados al colectivo + "A000".

Contrato de acceso y conexión

De acuerdo con lo indicado en el Artículo 8 del Real Decreto 244/2019, para acogerse a cualquiera de las modalidades de autoconsumo, cada uno de los consumidores que dispongan de contrato de acceso para sus instalaciones de consumo, deberá comunicar dicha circunstancia a la empresa distribuidora o transportista, directamente o a través de la empresa comercializadora.

La empresa distribuidora, o transportista, dispondrá de un plazo de 10 días desde la recepción de dicha comunicación para modificar el correspondiente contrato de acceso existente, para reflejar este hecho y para su remisión al consumidor. El consumidor dispondrá de un plazo de diez días desde su recepción para notificar a la empresa distribuidora o transportista, cualquier disconformidad.

Sin perjuicio de lo anterior, para aquellos sujetos consumidores conectados en baja tensión en los que la instalación generadora sea de baja tensión y la potencia instalada de generación sea menor de 100 kW que realicen autoconsumo, la modificación del contrato de acceso será realizada por la empresa distribuidora a partir de la documentación remitida por las comunidades autónomas a dicha empresa como consecuencia de las obligaciones contenidas en el Reglamento Electrotécnico de Baja Tensión.

Las Comunidades Autónomas deberán remitir dicha información a las empresas distribuidoras en el plazo no superior a diez días desde su recepción.

Dicha modificación del contrato será remitida por la empresa distribuidora a las empresas comercializadoras y a los consumidores correspondientes en el plazo de cinco días a contar desde la recepción de la documentación remitida por la comunidad autónoma. El consumidor dispondrá de un plazo de diez días desde su recepción para notificar a la empresa distribuidora o transportista cualquier disconformidad.

Para acogerse a cualquiera de las modalidades de autoconsumo, los consumidores que no dispongan de contrato de acceso para sus instalaciones de consumo deberán suscribir un contrato de acceso con la empresa distribuidora directamente o a través de la empresa comercializadora, reflejando esta circunstancia.

Si la potencia es mayor de 100 kW se debe seguir el procedimiento de acceso establecido en el Real Decreto 1955/2000.

Mecanismo de compensación

El Artículo 4, Apartado 2, del Real Decreto 244/2019, indica que pertenecen a la modalidad de suministro con autoconsumo con excedentes acogida a compensación, aquellos casos en los que se cumpla con todas las condiciones siguientes:

1) La fuente de energía primaria sea de origen renovable.

2) La potencia total de la instalación de producción asociada no sea superior a 100 kW.

3) Se dispone de un único contrato de suministro.

4) Se disponga de contrato de compensación entre productor y consumidor asociado, aunque el productor y el consumidor serán la misma persona física o jurídica.

5) La instalación de producción no tenga otorgado un régimen retributivo adicional o específico.

En el caso de instalación de generación con excedentes acogida a compensación, de acuerdo con lo indicado en el Artículo 14 del Real Decreto 244/2019, se deberá suscribir un contrato de compensación de excedentes entre el productor y el consumidor, aunque sean el mismo que es el caso habitual.

En la Guía Profesional de Tramitación del Autoconsumo, editada por IDAE, se dispone de un modelo de contrato de compensación simplificada.

En el resto de casos de suministro con autoconsumo con excedentes que no cumplan con alguno de los requisitos citados o que voluntariamente opten por no acogerse a la modalidad de compensación, se incluyen en la modalidad de excedentes no acogida a compensación.

Peajes de acceso

De acuerdo con lo indicado en el Artículo 9.5 de la Ley 24/2013, del Sector Eléctrico, la energía auto-consumida de origen renovable está exenta de todo tipo de peajes.

En la modalidad de autoconsumo con excedentes no acogida a compensación, los titulares de las instalaciones de producción, deberán satisfacer los peajes de acceso establecidos en el Real Decreto 1544/2011, según el Artículo 16 del Real Decreto 244/2019. Esto es de aplicación a las instalaciones netamente productoras más que consumidoras que son consideradas como instalaciones de generación.

La disposición transitoria única del Real Decreto 1544/2011, establece un peaje de acceso de 0,5 €/MWh para las instalaciones de generación.

En las instalaciones acogidas a compensación, la energía excedentaria no tiene la consideración de energía incorporada al sistema eléctrico y, en consecuencia, está exenta de satisfacer los peajes de acceso.

Impuesto sobre la producción de energía eléctrica

La ley 15/2012, de medidas fiscales para la sostenibilidad energética, introdujo en su título primero el impuesto del 7% sobre el valor de la producción de energía eléctrica, que grava la realización de actividades de producción e incorporación al sistema eléctrico de energía eléctrica, medida en barras de central.

Este impuesto es aplicable a las instalaciones de autoconsumo con excedentes no acogidas a compensación, ya que en este caso la energía excedentaria tiene la consideración de energía incorporada al sistema eléctrico.

Contrato con la empresa comercializadora

El contrato con la empresa comercializadora debe reflejar la modalidad de autoconsumo a la que se acoge la instalación, según lo indicado en el Artículo 14, Apartado 3 del Real Decreto 244/2019.

En caso de que se disponga de un contrato de suministro con una comercializadora libre, la energía horaria excedentaria, será valorada al precio horario acordado entre las partes.

En caso de que se disponga de un contrato de suministro con una empresa comercializadora de referencia el precio de la energía excedentaria viene establecido y será el precio medio horario, Pmh, del mercado diario menos el coste horario de los desvíos.

En ambos casos el precio de la energía excedentaria está en torno a 5 c€/kWh.

Código CIL

El código CIL, Código de Instalación de producción a efectos de Liquidación, es un código numérico que otorga el encargado de la lectura (compañía distribuidora o REE) a las instalaciones de producción, cuando tras la colocación o verificación del contador entra en funcionamiento la instalación. Por tanto, sólo afecta a las instalaciones de autoconsumo con excedentes.

Viene regulado por la Circular 1/2017, de 8 de febrero, de la Comisión Nacional de los Mercados y la Competencia, que regula la solicitud de información y el procedimiento de liquidación, facturación y pago del régimen retributivo específico de las instalaciones de producción de energía eléctrica a partir de fuentes de energía renovables, cogeneración y residuos.

Al igual que el CAU, el CIL se configura a partir del CUPS (que básicamente corresponde a la referencia catastral/geográfica de donde se ubica físicamente la instalación) añadiendo 3 cifras más (que suelen ser secuenciales).

12.2. Legalización sin excedentes
Memoria Técnica de Diseño, MTD

Al tratarse de una instalación con un inversor de 5 kW y una potencia pico de 5,94 kWp, la potencia instalada es de 5 kW y no se requiere proyecto técnico, por tanto, se presentará una Memoria Técnica de Diseño, MTD.

Industria

Se seguirá el procedimiento establecido en la ITC-BT-04 para conseguir el certificado de la empresa instaladora diligenciado por la autoridad competente en materia de seguridad industrial.

Inspecciones

Como la potencia (5 KW) es inferior a 25 KW no se considera local húmedo, por tanto no se requiere inspección ni inicial ni periódica.

Registro autoconsumo, RADNE

Al tratarse de una instalación de autoconsumo conectada a la red interior de baja tensión y una potencia de 5 kW, inferior a 100 kW, la inscripción será realizada de oficio por la autoridad competente en materia de energía a partir de la información facilitada para la legalización de la instalación.

Dado que la inscripción es de oficio, en la documentación aportada, MTD, se deberá indicar la modalidad de autoconsumo sin excedentes, de forma que se pueda inscribir la instalación en la sección primera del registro de autoconsumo (Artículo 19.3 del RD 244/2019).

Registro de producción, RAIPEE

No procede al tratarse de una instalación sin excedentes.

Permiso de acceso y conexión

Al tratarse de una instalación de producción de 5 kW de potencia, inferior a 15 kW, ubicada en suelo urbanizado no se requiere la obtención de permisos de acceso y conexión.

Código de Autoconsumo CAU

El instalador podrá componer el CAU siguiendo esta pauta (CUPS+A000) para completar el certificado de la instalación.

Contrato de acceso y conexión

Al tratarse de una instalación en baja tensión con una potencia instalada de 5 kW, menor de 100 kW, la modificación del contrato de acceso será realizada por la empresa distribuidora a partir de la documentación remitida por las comunidades autónomas.

Peajes de acceso

En este caso, con anti-vertido, toda la energía autoconsumida es de origen renovable y, por tanto, está exenta de todo tipo de peajes.

Impuesto sobre la producción de energía eléctrica

No es aplicable al tratarse de una instalación sin excedentes.

Contrato con la empresa comercializadora

Se dispone de un contrato de suministro con una comercializadora libre, pero no hay excedentes, por tanto, no hay variaciones en el contrato.

Código CIL

Al tratarse de una instalación sin excedentes no se genera un código CIL.

12.3. Legalización con excedentes

Proyecto

Al tratarse de una instalación con un inversor de 15 kW y una potencia pico de 15,3 kWp, la potencia instalada es de 15 kW y se requiere proyecto técnico.

Industria

Se seguirá el procedimiento establecido en la ITC-BT-04 para conseguir el certificado de la empresa instaladora diligenciado por la autoridad competente en materia de seguridad industrial

Inspecciones

Como la potencia (15 KW) es inferior a 25 KW no se considera local húmedo, por tanto no se requiere inspección ni inicial ni periódica.

Registro autoconsumo

Al tratarse de una instalación de autoconsumo conectada a la red interior de baja tensión y una potencia de 5 kW, inferior a 100 kW, la inscripción será realizada de oficio por la autoridad competente en materia de energía a partir de la información facilitada para la legalización de la instalación.

Dado que la inscripción es de oficio, en la documentación aportada, proyecto, se deberá indicar la modalidad de autoconsumo con excedentes acogida a compensación, de forma que se pueda inscribir la instalación en la sección segunda del registro de autoconsumo (Artículo 19.3 del RD 244/2019).

Registro de producción, RAIPEE

No procede al tratarse de una instalación con excedentes con potencia no superior a 100 kW.

Permiso de acceso y conexión

Al tratarse de una instalación de producción de 15 kW de potencia, ubicada en suelo urbanizado no se requiere la obtención de permisos de acceso y conexión.

Código de Autoconsumo CAU

El instalador podrá componer el CAU siguiendo esta pauta (CUPS+A000) para completar el certificado de la instalación.

Contrato de acceso y conexión

Al tratarse de una instalación en baja tensión con una potencia instalada de 15 kW, menor de 100 kW, la modificación del contrato de acceso será realizada por la empresa distribuidora a partir de la documentación remitida por las comunidades autónomas.

El cambio del contrato de acceso supone el pago de los derechos de enganche (9,044760 € + iva) establecidos en la Orden ITC/3519/2009, de 28 de diciembre, por la que se revisan los peajes de acceso a partir de 1 de enero de 2010 y las tarifas y primas de las instalaciones del régimen especial.

Mecanismo de compensación simplificada

En el caso de instalación de generación con excedentes acogida a compensación, de acuerdo con lo indicado en el Artículo 14 del Real Decreto 244/2019, se podrá suscribir un contrato de compensación de excedentes entre el productor y el consumidor, que en este caso coinciden.

Peajes de acceso

En las instalaciones acogidas a compensación, la energía excedentaria no tiene la consideración de energía incorporada al sistema eléctrico y en consecuencia, está exenta de satisfacer los peajes de acceso.

Será conveniente, por tanto, disponer de un contrato de compensación simplificada.

Impuesto sobre la producción de energía eléctrica

No es aplicable al tratarse de una instalación con excedentes acogida a compensación.

Contrato con la empresa comercializadora

Se dispone de un contrato de suministro con una comercializadora libre, por tanto, se tendrá que acordar un precio para la energía excedentaria, que estará en torno a 5 c€/kWh.

El abono de los excedentes tiene lugar a partir del momento en que se coloca el nuevo contador bidireccional.

Código CIL

Al tratarse de una instalación con excedentes el encargado de lectura, en este caso la empresa distribuidora, otorgará un código CIL a la instalación, tras la colocación o verificación del contador y puesta en funcionamiento de la instalación.

13. Hojas de cálculo e impresos oficiales

En el siguiente apartado, el lector puedo descargar las hojas Excel con todos los cálculos que aparecen en el texto y los impresos oficiales mencionados a lo largo del texto.

13.1. Hojas de cálculo

Estudio horario

https://tiny.cc/304_10_2_Estudiov2

Tarifa antes

http://tiny.cc/304_10_2_Tarifa_antesv2

Tarifa después

http://tiny.cc/304_10_2_Tarifa_despuesv2

13.2. Impresos oficiales

Legalización (*archivo rar*)

https://tiny.cc/304_10_2_Legalizacion

Bibliografía

Cucó, Salvador. (2019). *Diseño de la instalación eléctrica de un edificio de viviendas*, (1ªed.). edUPV.

Cucó, Salvador. (2019). *Diseño de la instalación eléctrica de un local comercial*, (1ªed.). edUPV.

Cucó, Salvador. (2020). *Instalación fotovoltaica en autoconsumo. Caso práctico: centro deportivo*, (1ªed.). edUPV.